U0070095

……SH懂你也讓你讀得懂……

……SH 懂你也讓你讀得懂……

史上第一本
$30萬元
就動工，
分段施工提早享受！
國民價也可以找設計師，
省錢計畫、不必自己監工的裝修書

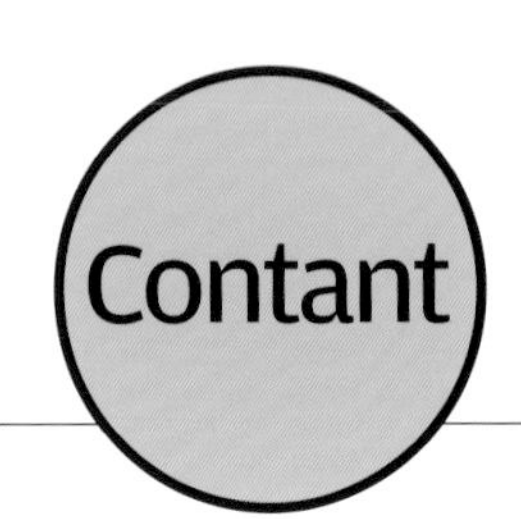

目次

Chapter 04 不做反而美！設計師都是這樣幫屋主省錢的 自己發包絕對學不到的50個竅門

10位專業設計師秘密交叉運用50個技巧，達到「不做反而更美」的效果。

省木作・省維修・省工錢・省鋁窗・省組裝・省建材・省空調・省板材・省廚櫃・省裝飾・省拆除・省磁磚・省地坪・省油漆・省天花板・省電費・省泥作・省防水・省家具・省石材・省裱框

Chapter 05 設計師專業傳授「新成屋VS中古屋」預算分配經濟學

百萬元內
也可以找設計師

有困難怎麼辦？靠設計師分次搞定，30萬元也能提早享受好空間

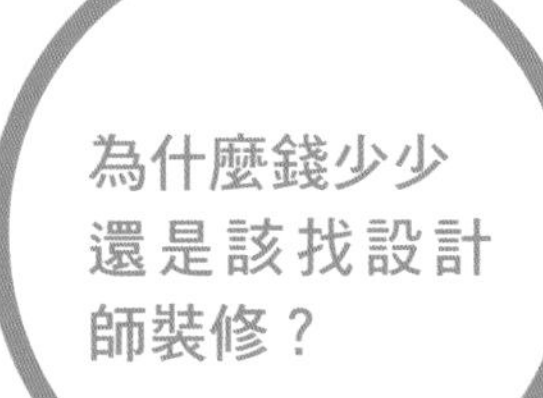

⑴設計費太高 ，一坪至少 3500 元起，30 坪的房子就要花 10 萬元在看不見的地方。

⑵設計等級高、建材費用貴，我們沒有那麼多經費，達不到設計的效果。

⑶監工費＝總費用 X7% 或 10%，我們擔心設計師會因此做很多不必要的工程。

⑴把裝修當作圓夢，很多人都認為自己就可以辦得到，用不著付設計費。

⑵網路圖片很多、書也很多，價格也公開，請師傅按圖片做就可以，自己來監工很簡單。

找對設計師的5個優點

「分段裝修」的想法緣起我過往有三次大大小小沒計畫下的裝修失敗經驗，結果在3年後就覺得想法不好、和室成了垃圾堆的慘狀，才奠定我決定「分期裝修」的計畫：「即使預算不夠，也不要勉強一次完成整戶裝修」，最重要是花精神找到一位適合的設計師，有計畫性的為我做出一個「現在好用、以後好賣」的房子。

在我後來又和設計師合作三次的經驗中，找對設計師的優點是：

1. 把精神和時間花在和設計師討論設計與創意，而不是省材料錢。
2. 少了時間的消耗，不會影響我上班的效率。
3. 再也不會因為後悔再次修改浪費錢，在賣屋時，買方都是欣賞這個裝修、不用大動作修改而來的。
4. 精準用料、華麗且實用，幫我在預算容忍範圍內完成。
5. 確實可行的計畫：在百萬之內就能達成夢想、並且從30萬就可以開始。

好設計讓價格生出更多價值

很多人認為自己設計、發包可以省設計費，其實裝修出來的等級完全不同，設計師有專業的「空間感」養成，空間利用更多元，多出一點坪數、就多出十分價值，還能在有限經費下，創造價值極大化。

更何況沒找設計師事先規劃，就不可能採取分段施工、最後一體成型的優點，甚至是三房兩廳的中古屋，還可以控制在百萬元內。

提早享受：
工資和材料年年漲，現在 30 萬元能做的事，兩年後可辦不到

設計師規劃出各種分段施工的方法，讓我提早開始享受設計的美好，馬上讓自己擁有幸福的生活。其中一個最明顯的好處是，因為工資和材料年年漲，至今上漲至少 30%，光是木工師傅一天的工資都從 2500 元漲到 3000 元，當年 30 萬元能做到的工程項目，現在只能達成 2/3，反而變少了。

例如設計師專為我設計的收納式大餐桌，2004 年訂作價格大約是 2 萬 7 千元，現在訂作至少需要 4 萬元起，活動屋中屋訂作價格 5 萬元，現在至少需要 8 萬元，這就是提早開工的好處。

現在照自己的需求
未來留有售屋後路

找設計師不難、找一位適合的設計師就要花些精神來觀察，我選擇的設計師是採訪過程中認識的，所得到的訊息和讀者在雜誌上讀到的都是一樣，但是我謹慎觀察設計師與我的對話過程中，有多少耐性聽我說，在意我心中想的生活方式。

長達一個月的討論過程中，設計師終究推翻我「搬過來挪過去」的第三間客房想法，給了我「無法抗拒」會走路的客房，讓我興奮不已；將來只加上隔間牆，馬上變恢復成三房兩廳，這種「以現階段單身人士不需要太多房間，但是整個空間要保留將來賣屋給其他人的後路」的觀念，滿足了我們每個階段的需求，就是設計師的價值。

能真正符合現在與未來生活的空間，需要足夠的時間溝通

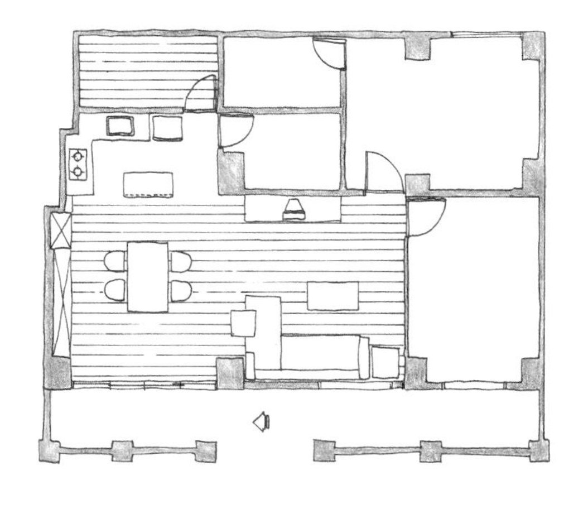

圖面溝通第 1 期：
把屋主想的先畫出來，即使不合理也要等他們自己想通。

夢想在落地窗旁用餐的我，不惜將客房與廚房來個大調動，還把自己畫的圖傳給設計師看，設計師雖然不贊成，卻還是把圖畫給我，讓我自己去想這樣到底合不合理。

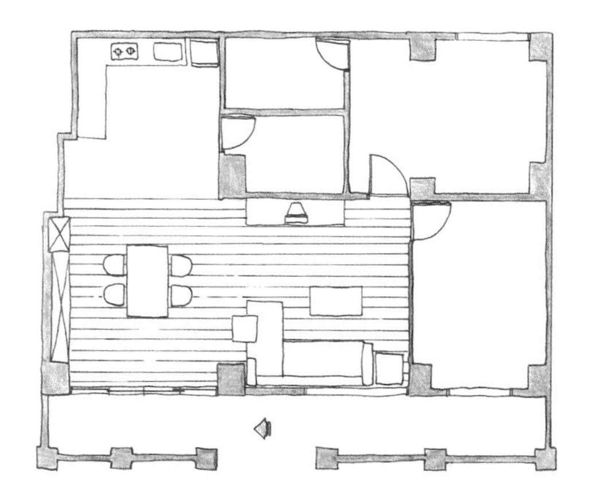

圖面溝通第 2 期：
設計師以更改格局的經濟效益太小，說服屋主放下堅持。

設計師建議不要更動廚房位置，因為花費高、效果和我期望的有落差，我也接受這個提議，但因為此圖沒有第 2 間預備客房，還是請設計師再想辦法。

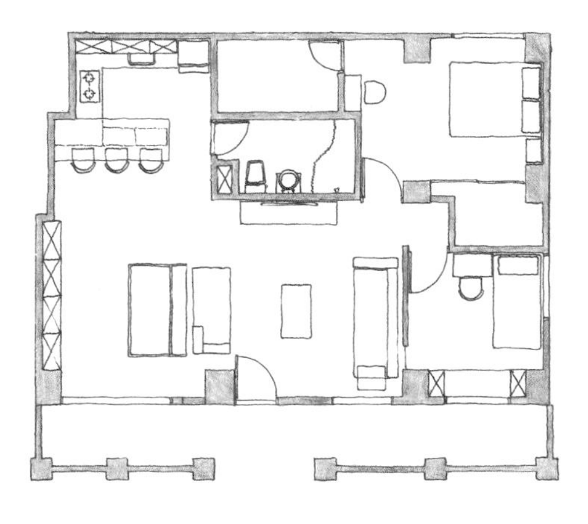

圖面定案：
整套空間架構與格局已經定位，下一階段就能接著施工。

當第一階段工程規劃出中島兼收納的兩用餐桌，我已經可以想像愉快的未來生活；第二階段就在客房原址設計了一座「活動屋中屋」，最後還入圍國內的設計獎項，是我與設計師一同合作的愉快經驗。

Chapter 01

為什麼錢少少還是該找設計師？

高房價，好設計創造1坪空間，CP值達每坪三十萬～一百萬。

我的裝修經驗等於一場「亂花錢」的歷史：

大同區最早的小公寓，先花 25 萬元請泥水師傅換裝浴室、貼壁紙，住在這間 3 房 1.5 廳的公寓幾年後，總覺得餐廳好擠，因此又花 45 萬元，請設計師把方形浴室改成長形，重整格局終於變出完整的餐廳。

北投區的 3 房 2 廳電梯住宅，先花 80 萬元多隔出兩房與餐廳，後來又花 100 萬拆除隔間重新規劃，到目前為止，兩個房子白白浪費 105 萬成了拆除垃圾。

血淋淋的教訓推動我與設計師合作方式產生變化，「分段裝修」讓我每年都擁有一個成就感的空間，加速日後存錢計畫，這種「小錢就開始動工，改變看得見，就可以完成下一個計畫」，絕對是新世代可以運用的方法。

裝修到底要準備多少錢？不夠錢，就不要堅持一次性完工！

大部分屋主的裝修經驗不多，對費用高低概念不清楚，心中的預算常常被設計公司說是金額太低，舉例，50 萬元對薪水階級來說不是小錢，的確能勉強滿足小坪數或新房子的居住需求，但是對中古屋或面積較大的房子，根本不夠用，因此普遍有「設計師好貴！」的印象，然後就決定自己發包或買家具。裝修真的得有足夠錢才能做嗎？

Q 錢太少只好再存幾年，或者自己發包？

A 預算不夠反而讓我找出哪些是最重要的事，就先做一部分吧！

裝修過程對家庭生活的影響很大，要搬家、要安置、要和設計師溝通、要看家具、還要留心家人的情緒，一次完成裝修是正常的想法，在這種壓力下，當預算只有 50 萬元時，99% 的人會選擇步步後退，最常見的屋主迷思如下：

不找收設計費的設計師：只找收監工費的設計師或是工班頭子。

通常工班師傅都會說接過設計師的工程，以便屋主相信他們也懂美感，屋主好像就能放心。

其實……

迷思 2

不必拆除牆面：本來就需要三房兩廳。

房間數不是房子的優點，有採光和全室空氣對流才是一個健康的生活環境。

其實……

需要收納東西的地方，衣櫥和櫃子愈多愈好。

收納是全部的屋主對現階段生活認知，表面看起來好像是「櫥櫃不夠」造成混亂生活的現象，其實真正的原因可能是收納位置錯誤、尺寸計算錯誤、保留的東西錯誤等原因。

不要更新管線，反正看不見就沒關係。

其實……

超過十年的電線一定要換！因為現代家庭使用的電器數量多、電器負荷愈來愈大，失火的危險性很高。

我的眾多不如意裝修經驗以及現在預算只有 30 萬元，想要完成 3 房 2 廳至少百萬裝潢的不可能任務，反而讓我認真思考各種可能性：

①我要先只做整戶基礎工程？
②再等幾年存錢？
③忍受小小的不方便、分階段進行？
結論是我選擇用 4 年的時間、一個人的收入，完成百萬裝修的「分段」。

自己為什麼要先知道裝修總價，不能交給設計師估價嗎？

認清現狀讓設計師知道你有備而來，就能打破預算不夠的魔咒，「分段計畫」絕對會成功。

「分段裝修」對設計師而言，也是很複雜的事，要讓專業人士幫忙的辦法就是讓他知道，你已經準備好了。

我準備兩套最簡單的計算公式，幫大家推估出最基本的翻新費用大約要多少錢，為什麼可以這樣算？因為台灣常見的集合住宅建築格局都有公式，例如廚房從 0.5 坪到 1.5 坪都不離一字形廚具 (大約 206 公分)，浴室從 1 坪到 1.5 坪，都是標準浴缸、面盆、馬桶的分配，所以下面兩套公式，讓大家依照自己能理解的方式來推估。

面積型估價法

以坪數和工程量為單位來計算

這種估價方式是以空間中的面積為基礎，乘上各種工程的單價來計算，很適合在乎詳細數字計算的人，你可以依照想要做的數量來估計。

1 拆除

1 大工 +1 小工，一天至少 1 萬多元。（含垃圾清運）

2 衣櫥

項目	單價 / 單位	總計
木作＋油漆	8000 元 / 尺起	48000 元 6 尺 (180 公分) 寬的衣櫥
表面貼美耐板	7000 元 / 尺起	42000 元 6 尺 (180 公分) 寬的衣櫥
系統櫃	5000 ～ 6000 元 / 尺起	30000 元起 6 尺 (180 公分) 寬的衣櫥

3 地板

項目	單價 / 單位	總計
超耐磨地板	3000 元 (起) / 坪	25 坪，共 75000 元。 扣除廚房、浴室與陽台面積
海島型木地板	5500 元 (起) / 坪	137500 元
實木地板	7500 元 (起)/ 坪	187500 元
拋光石英磚	5000 元 (起) / 坪	125000 元
塑膠地磚	1500 元 (起) / 坪	37500 元

4 廚房

壁面瓷磚面積大約是地坪的 3 倍。

項目	單價 / 單位	總計 (地坪約 1.5 坪)
壁磚	4500 元 (起) / 坪	6750 元
噴砂玻璃	180 元 (起) / 才	
廚具 (桶身)	木芯板 65 元 / 公分 不鏽鋼 85 元（起）/ 公分	
廚具 (檯面)	不鏽鋼 20 元（起）/ 公分 LG 人造石 55 元（起）/ 公分 杜邦人造石 80 元（起）/ 公分	

5 牆面油漆

項目	單價 / 單位	總計　（25 坪地坪面積）
油漆 (含批土)	800 元 / 坪	60000 元
過漆	400 元	30000 元
天花	1200 元 / 坪	30000 元
特殊漆	2500 元 (起) / 坪	看運用面積大小

北中南工班工資 / 天（本表僅為參考數字）

	拆除	泥做	木工	水電	油漆
北	2800 元	2800 元	3000 元	2500 元	2500 元
中	2500 元	2500 元	2500 元	2500 元	2500 元
南	2200 元	2500 元	2500 元	2200 元	2500 元

空間型估價法

以空間為單位的預估法，簡單易懂

這種方式最適合看到數字就頭暈的屋主，當住家坪數約在 20 坪～ 38 坪的空間都可以這樣算，因為除了房間數量不同之外，集合式住宅規劃的衛浴與廚房的坪數大小都非常相似。

① 衛浴

約在 7 萬至 10 萬元。

面積大約 1.5 ～ 2 坪，使用基本國產設備有浴缸、面盆、馬桶與兩隻水龍頭，天花板是塑膠天花材質，含國產磁磚與防水工程。

② 廚房

至少 15 萬元至 18 萬元

面積大約 1.5 ～ 2.5 坪，使用 206 公分～ 280 公分的一字形廚具，包括全新廚具、國產三機 (抽油煙機、瓦斯爐、烘碗機)，木作天花與油漆。

③ 地板

扣除廚房、2 間衛浴和陽台，剩下 25 坪面積。

使用超耐磨地板至少 75000 元起
使用拋光石英磚至少 120000 元起
使用海島型木地板 5500 元 / 坪，至少 135000 元起

④ 水電

重新拉線 + 開關 20 組，至少 40000 元起。

平均單價計算法 = 總價 / 坪數

以上兩種算法得出來的結果，和市場上普遍以平均單價的計算結果相似，「平均單價計算法」就是以 25 坪的房子來看：

①中古屋 1 坪至少需要 6 萬元，25 坪 ×6 萬元 =150 萬元

②新成屋 1 坪至少 4 萬元，25 坪 ×4 萬元 =100 萬元

計算機敲一敲，我家要花多少錢？

想修改客餐廳、2 倍大廚房、2 個房間、1 間衛浴，因此至少需要：

1 拆除　30000 元 (3 天 +2 工 + 運費)

2 硬體　衛浴 70000 元 + 廚房與餐桌 250000 元 + 超耐磨地板 70000 元 + 天花板 30000 元 + 水電更新 40000 元 + 雜項 20000 元 =510000 元

3 櫃體　書房 + 餐廳＋隔間櫃 =300000 元

4 牆面油漆　只使用過漆法，減去浴室與廚房的面積，大約剩下 25 坪 =30000 元

根據空間型估價法，光是硬體簡單更新工程的總費用 = 全戶至少 90 萬元，如果我想要有設計感、突出性，必然往上加。因此確定要採取三階段計畫，而且第一階段只能做少量工程。

Q 現在只有 30 萬元，只夠 1/ 3 工程款，可以做哪些事？

A 我決定要分期做裝修，一定辦的到，也一定找的到設計師。

根據每個空間更新所需要的經費，目前手上的 30 萬元，應該足夠修改我最迫切需要的廚房與餐廳，因為狹窄擁擠的餐廳平時讓我很不想去使用，如果能變成假日工作室應該很棒，抱持這樣的想法，我開始接洽設計公司。

PART 02

只有30萬元
該如何請設計師「分段施工」？
請用「務實準備」打動設計師

提出可行的進行分段施工想法！我不想等存到錢才開始，明天就有機會過新的生活，因此我已經準備好第一筆預算的可行性與我第一個迫切的需求，前往設計公司洽談，雖然設計師很驚訝，但他看的出我是個務實的屋主，計畫本身也還算合理，因此有落實的可能，雖然預算少的可憐，他還是決定幫我這個忙。

提醒1 裝潢不難，設計才困難：我的需要和別人的家庭不一樣

很多屋主會覺得市場上的設計作品看起來大同小異，我認為屋主也有責任，從決定設計師到屋主投入做功課的程度，如果只是根據圖片施工或是放任設計師來做，不只是 Copy 風格，也在 Copy 別人的生活。

我請設計師來規劃的目的是請他想出解決之道，所以，我放棄找圖片或「○房○廳」這種溝通方式，而是以「想像生活」的描述方式：

- ☑我要有三房廳的功能，但是平時要看起來很寬敞。
- ☑我要有大容量的收納櫃子，但是空間看起來沒有壓迫感。
- ☑三個房間都不能小，要有雙人床的空間。
- ☑我要廚房和餐廳都很大，可以容納2個人同時做菜，或是宴客6個人，但是平時不要餐桌。
- ☑我不要花很多錢，但是櫃子要有電腦桌功能。

Grace 的家 實際示範篇

設計師的 2 項空間提案

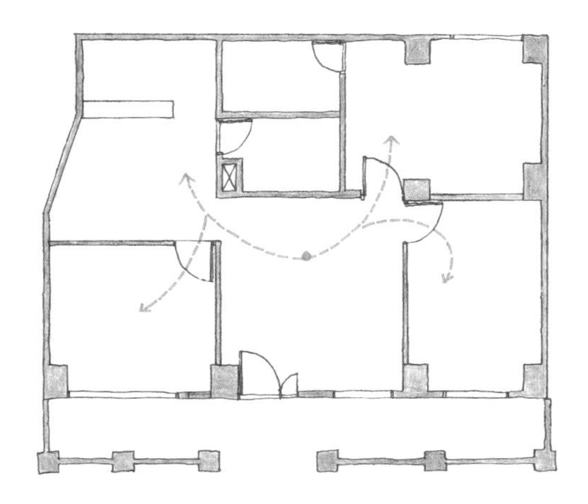

before

標準三房兩廳有家庭成員的格局

你是從一個空間移動到另一個空間，動線是為了「行進」而設計。

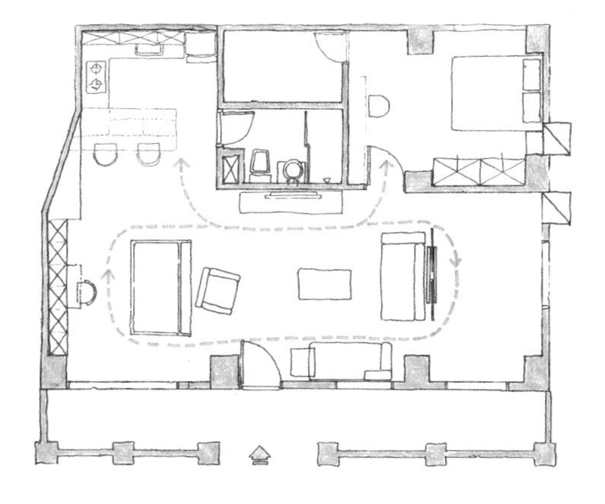

After 1

散步版：可以在家散步嗎？

釋放牆、歡迎光，就讓整個家自由了，新鮮的空氣自然循環，能讓屋主睡得更好，屋主和貓有時安靜宅在家，有時也會需要可以「暴衝」的路線。

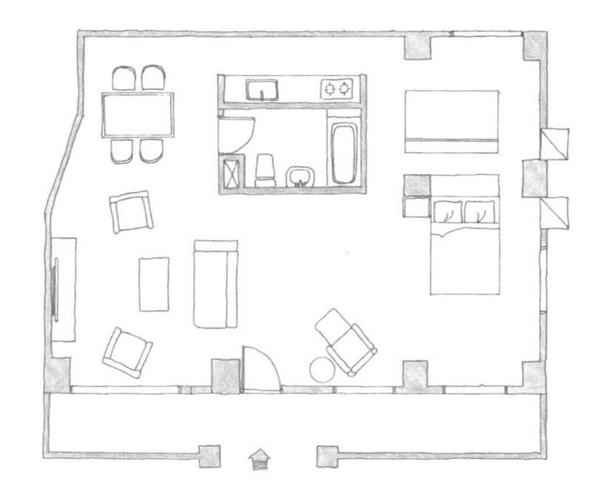

After 2

前衛版：借用寒帶國家以壁爐為中心點來安排空間。

很適合管道間居中的房子，所以把廚房與衛浴結合在同一區塊，四周形成人可以行走的通道，讓居住安排能隨春夏秋冬移動，順著節氣走，身體也可以得到自然的力量。

和設計師一起玩創意、造空間。總有設計師願意陪你玩

哪些情況下，設計師願意接「分段施工」的屋主？根據我們實地調查結果，設計師在聽到較低預算時，並不會直接拒絕屋主，拒絕的關鍵是：

①屋主天馬行空，什麼都要。
②想直接叫設計師丈量工地。對設計師而言，這樣的屋主並不清楚自身條件限制，絕對不能落實分段計畫。

至於那些屋主會被設計師接受呢？
①屋主認同付設計費的觀念，「尊重」讓設計師願意為經費不夠想辦法。
②希望屋主與自己可以互相刺激思考、互相認同，大家用不著斤斤計較一才櫃子到底多少錢才合理。

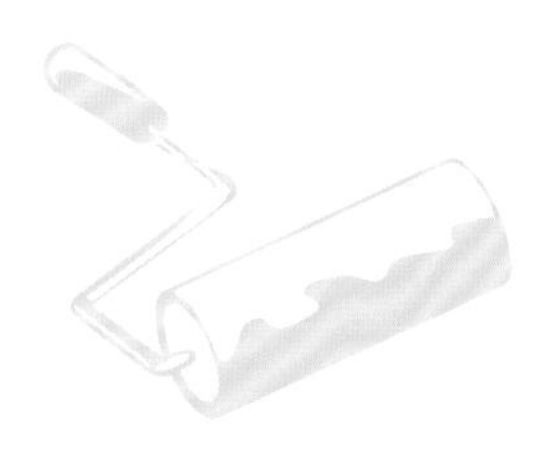

提醒3 創造和諧、愉快的分段施工。當兩階段預算多寡不同時，利用圖面溝通出施工順序

分段式施工最重要的是完整的計畫，不同的設計公司有不同的看法，但是專業的設計師都認為，第一階段整理出空間架構是最重要的事。接下來就看屋主準備的預算情況來調配。

當第一次準備金大於 1/2 總經費

- 第一階段：空間架構決定後，這時可以進行整戶的拆除、水電(包括開關與插座)、泥作，以及購買必要生活的家具(床墊、沙發等)。
- 第二階段：重視鋁窗的質感，因為好的顏色與質感也可以決定你未來要的風格。
- 第三階段：就可以是木地板與系統家具進場，這樣就不會因為預算而必須委屈使用比較差的建材。

當第一次準備金小於 1/2 總經費

- 第一階段：只能進行局部工程，但是設計師對空間要有全盤的輪廓架構，也就是整戶的策略，計劃本身要有「別人也可以接手進行」的心情，設計師只就要施工的部分有細部施工圖即可。
第二階段：持續進行最初的空間策略：

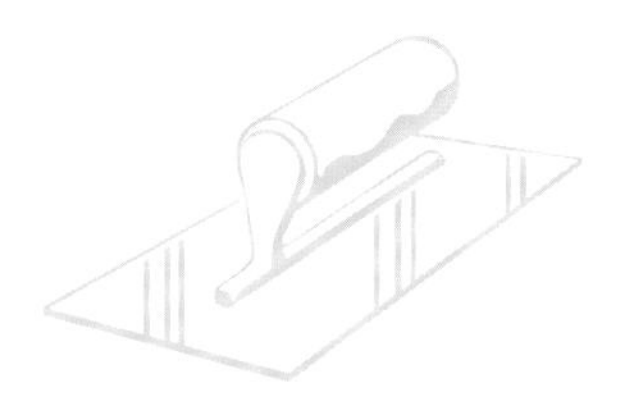

▶ ①廚房不變更位置。
②所有管線都安排在四周的牆面內，減少站在房子中間的牆與管線。
③活動家具是主角，屋主一換家具，風貌就完全不同，針對從事出版工作的屋主，自由度愈大愈好。

朋友血淚故事之一

從 80 萬膨脹到 180 萬

同事住了 30 年的公寓要更新，30 坪的住家，她們只打算花 80 萬元，所以靠親友介紹的木工來施作，這位同事找了許多圖片給師傅看，約定 80 萬元完工，結果做到一半狀況百出：

(1) 追價：先是說玄關的格柵報價 2 萬元，屋主提供的圖片格柵比較粗，要 4 萬元。

(2) 要做甚麼都照做：同事覺得廚房的窗戶會藏汙垢，就請師傅直接封版、貼磁磚，結果被她的朋友大笑，竟然封掉難能可貴的對外窗戶。

最後費用上升到 180 萬元，不只費用高、過程辛苦，整個房子沒有統一感 (看圖片的結果)，她覺得非常後悔，這 180 萬元都浪費了。

提醒4 總編輯也要付設計費與監工費，是基於尊重合作者的心情。

20 年的採訪工作、我時常有機會到真實的房子裡了解，愈是碰到高明體貼的設計，我愈知道設計與裝修的深度與難度。既然決定要請設計師來規劃分段施工，也就準備好要付設計費與監工費，這兩項費用高低基於每個公司管銷不同，價格當然有差異，我決定請個人工作室來設計，但前提必須是執業多年的專業人士。

但是，對於第一次尋找設計師的消費者，一定會很害怕，甚至有很多疑問：

第一階段會收走全部的設計費嗎？我會碰到存心不良的設計師？

檢視設計師對工程的安排，就可以知道這位設計師到底可不可靠。

①如果設計師要收完整設計費：就要給屋主完整的圖面，包括施工方式與立面圖。但是如果設計師沒考慮好，令屋主準備的金額可能會被設計費用用掉大部分，剩下的甚麼都不能做，這樣也不能合作，所以願意接受任命的設計師，一定會詳細評估實際可行，甚至調整設計費的收法。

②完整的設計圖應該具備以下的圖面：平面圖、水電圖、燈光圖、立面圖 4 張以上、施工圖、建材表、設備資料圖、天花板圖、重點空間示意圖（空間透視圖），這是屋主的權利。

③在規劃工程上，也是可以評估你所找的設計公司是否可靠、是否為屋主的生活著想的關鍵；例如第一階段要把粉塵工程處理好，第二階段要做比較沒有粉塵的。

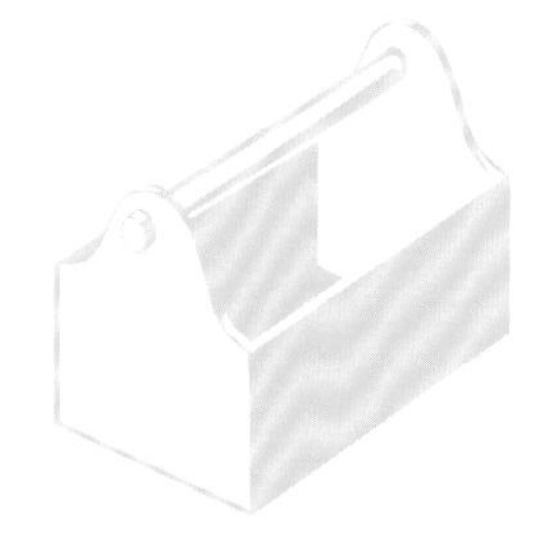

低準備金，只做局部空間施工，我不知道哪些項目應該要先開始？

每個設計師認為施工重要的方式都不同，但是大家共識都是「汙染大的先做」。

雖然我只有 30 萬元，無法給付整個設計費，因此設計師事先決定好空間排列方式，以便將來不會再變動。設計師發覺，我對廚房和餐廳最不滿意，因此優先思考更動空間位置，也只收這個部分的設計費。同意改善此區，也是因為要動到水電和拆除磚牆，是汙染比較大的工程，一次完成比較好。

以我家來說，只施行 3 坪的面積，每坪 5000 元設計費，所以收 1 萬 5 千元的設計費，監工費是工程款的 10%，加上工程款 26 萬元，在 30 萬元內完成廚房與餐廳裝修！下一階段的設計與工程費用計算時，就會先扣除這部分的面積，不會重複計算。

我擔心估價單的單價是否合理？

影響工程價格還會有建材的品牌、數量、規格、作法等 (例如角料下幾隻)。

在網路上可查到很多產品單價，但是光是矽酸鈣板就有 3 種等級，專業的設計師會在估價單上註明進口國與品牌，當貨料進入工地，設計師必須拍攝工地現場與材料品牌，附在工程日報表給屋主。

提醒5 用你平時生活的行動來看平面圖，才會懂真實的空間感。透視圖與 3D 圖示補助屋主明白每個空間施工後，「看起來」是甚麼面貌。

即使裝修過後，看不懂平面圖的屋主還是很多，甚至在設計師說明完之後，還是聽的霧煞煞，連提問都不知道該怎麼問，抱著忐忑不安的心情等著新家完工，以下是說明這兩類圖的功能：

①平面圖：就是鳥瞰圖的一種，管理整個空間架構與比例，真實反映空間面積大小與動線順暢度，但是非專業屋主很難把平時生活的空間想像成平面，我自己的方法是，把自己想像是漂浮在天空中，往下看著整個家，以生活步驟為基準來提問。

②透視圖與 3D 圖：在平面上呈現立體的視覺，因此所有空間尺寸是變形的，但是確實可以幫助沒經驗的屋主對未來居家的樣貌能有初步的感受，他們也可以早一點開始挑選家具。專業設計公司一定會提供重要空間的「手繪透視圖」，至於是否提供 3D 圖，則要看每家設計公司的標準不同。

如果光靠 3D 圖來理解自己的家，到時候你會發現怎麼走廊和 3D 圖的寬度差這麼多？

STEP1.
先找到門口，然後將平面圖大門口旋轉成自己進門的方向，例如進門右手是客廳、左手是餐廳之類等，然後想像自己漂浮在空中往下看，你就容易進入平面圖的世界。

STEP2.
設計師為什麼提出這樣的平面圖？屋主這時就可以用生活方式提問題，例如：廚房可以讓幾個人一同做菜？洗菜和冰箱會撞在一起嗎？新餐桌可以放下幾道菜？最多可坐幾個人？從餐廳到客廳會走幾步路？走廊大小有幾塊 45×45 公分的磁磚寬度？床和衣櫥之間只剩下多寬的床頭櫃？客廳可以放得下幾個人的沙發？

3D圖比平面圖真實嗎？

平面圖確認的是空間運用策略，客廳與餐廳的距離、沙發與電視主牆的關係、廚房會不會很擠，這些尺寸的涵義代表將來你們過的是甚麼日子，是每個家庭的「內在」。

3D 圖是在平面圖確認後，讓屋主知道表現出來的「外貌」，例如電視牆的作法等，優點是讓屋主知道空間與空間之間看過去會是甚麼樣子，但在尺寸上並不正確，也就是說，屋主沒辦法知道餐桌坐 6 個人到底是寬還是擠。

低高度的餐桌

我的大餐桌，高度降低至 70 公分（標準是 75 公分），周末白天是工作桌，晚上是中島檯面也是餐桌，足夠放下三本翻開的雜誌，我就知道這個桌子有多大。

你走進家時，是甚麼樣的情景？

回想一下，你回到家一進門，左手邊是客廳還是廚房？右手邊又是什麼空間？下一步再配合看平面圖，你就會看懂設計師規劃出來的格局關係。

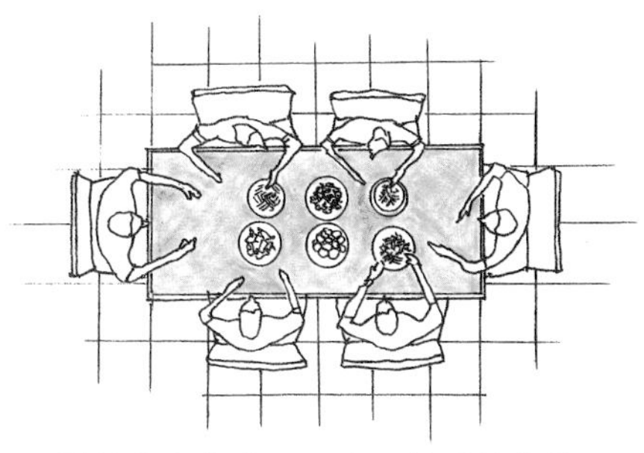

計算大小寬度要用生活熟悉的事物

餐桌大小要計算常用的盤子寬度和數量，以及每個人需要舒適的寬度，才知道實不實用。

用自己熟悉的事物當作計算標的

例如走廊的寬度＝幾片瓷磚，這樣就不會發生完工之後，和想像不同的落差。

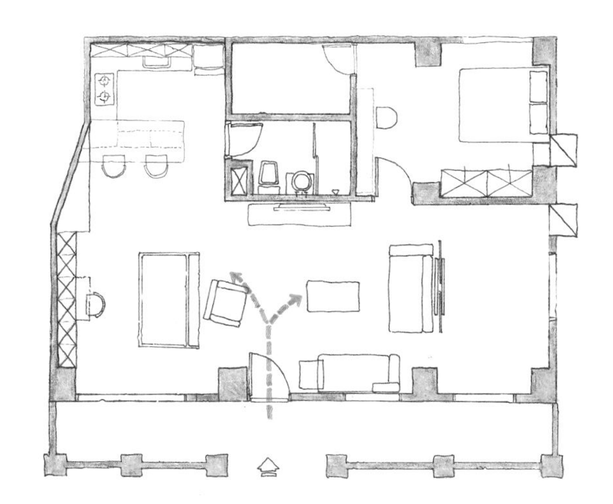

找出平面圖上大門的位置

把平面圖的大門口旋轉到靠近自己身體的這一邊，你就能將自己融入新的平面圖世界中。

PART 03

估完價，裝修費用總是破表？

啟動第三階段→換建材等級、自己找特價品、保留舊家具改造

費用疑問 1

不好意思殺價怎麼辦？

到了第二階段的估價，還是超過我準備的 65 萬元，於是我請設計師再想辦法：

①油漆採用「過漆」即可，品質差一點沒關係，幾年後刷新漆時再來加強，省下 1 倍。

②不是立即需要的，留待第三階段，客房的系統家具與餐椅先擱置，不會影響生活。

朋友血淚故事之二

渾然不知的危險居家

這位朋友為即將結婚的兒子買了舊大樓的 16 坪住家，她說只準備 60 萬元，所以不用找設計師，找認識的師傅就行，她大概就是自我圓夢型的屋主，認為自己一定可以完成，結果，施工半年中，她不斷丟下工作跑到工地協調，工程費用也一路從 60 萬追加到 160 萬，這還不打緊，等我們去拜訪時，她很自豪外推將近 3 坪的和室，卻是嚇出我一身冷汗，違法外推超過 300 公分的懸空地板，有被檢舉的可能之外，遲早會發生承重危險，這種決定在專業設計師身上就不會發生。

③超耐磨地板比較省錢，而且家中養貓，就選最便宜的色彩材質。

④舊衣櫥換門板需要花到 3 萬元，在房間內暫時可以忍受質感差一點，只貼白色箔皮更省錢。

費用疑問 2 我想自己賺建材價差，會不會耽誤施工？

一般設計師可以接受屋主自己涉入範圍在整體工程 20% 之內，如果是木工佔 60%，屋主想用自己人，設計師可能會請屋主全部自己發包，因為成本與責任難歸屬。

我自己是在一年前就開始留意雜誌上的產品廣告，哪些月份是特價品出清的時間，因此拿到超耐磨地板一坪便宜大約 200 元的產品，經過設計師認可後，把料叫進來，大約省下 5000 元，只用 1 通電話就可以省下錢，很方便。廚具也是注意特價時間，先確定自己喜歡的款式，然後請設計師和廚具公司聯絡，結果比正常時間省下 2 萬元。

設計師報價建材價格，會有大約 2~5% 價差，原因在：

①設計公司很難尋到最低價。

②工程中會有耗材發生，例如不滿坪數或是建築邊緣不齊，會用整片裁成小片，但在材料這是整片計算的。或是「拿長補短」，屋主要求多點東西要修，項目不大設計師就不會追加。以及後來的售後服務維修工作必須用到，有剩下的耗材就可以用上。

PART 04

設計師能給的，比你想像多更多？

付費的價值=花錢一次滿足百種願望

我和一般屋主沒有兩樣，因為事關自己口袋，我的願望都表露無遺：三房兩廳不能少、客廳要大、臥室不能小、開放式廚房、要和室等；所以第一次父母幫助出錢的裝修經驗是一年後就難用，和室變成垃圾場，痛定思痛，原因出在急著開工，沒有花心思和設計師一起研究、創造未來需求。

一種問題有 N 種解決方案

專業的設計師都希望先和屋主面對面談話，而不是先丈量工地。因為屋主到了準備裝修的時刻，已經累積很多壓力需要宣洩，設計師藉著陪屋主築夢的過程，仔細幫你釐清，避免幻想中的浪費，因為屋主現在認為非要不可的東西，其實不一定重要，專業設計師會在過程中謹慎提醒與否決，或是提出其他解決方案。

例如，大家都需要多一間客房，以備客人來住宿，即使心裡知道來的天數很少，硬生生要做一間和室，佔據 3 ～ 5 坪的空間，設計師就會想出其他辦法取代和室，像是隱藏的機關床，或是我的設計師最後給的提案是一間「會走路的客房」，獲得許多朋友的讚美。

即使是分段施工也可以有完全不同的計劃方式，端看屋主著重的是空間變化性或是風格。如果是希望比較強烈、個人化的風格，預算又不夠時，反過來利用大面積的部分是最容易創造出「風格感」，像是壁面與地面，其中有的設計師建議利用地板來表現風格最重要，應該留比較多預算給這個項目，如果有一整片復古刻痕地板，就會產生很明顯的鄉村或懷舊風。而且可以將這個項目留到最後階段，等存夠錢再施工，因為這項工程施工天數只有 1 ～ 2 天，又都在地面上，影響家庭生活最小，甚至可以等到第三階段再施工。

幫你找出家的「中心」，原來我的家是以「面對面」最重要。

每一個家都應該有自己的主題，這裡指的不是風格，而是「以哪件事為中心」，這個觀點會影響整個空間的布局與家具安排，可是屋主常常忘記家庭最重要的事，光想著多少收納櫃才足夠，導致空間裝修一直在材料費用分寸上計較不停。

我在幾次和設計師面對面敘述需求的過程中，設計師覺得我的重心環繞著「人的生活」，雖然我是單身一個人住，更需要有很好的空間與別人舒適談話，所以整個空間架構最後都是以「面對面」的布局展開。

你的家只能以電視機為中心嗎？

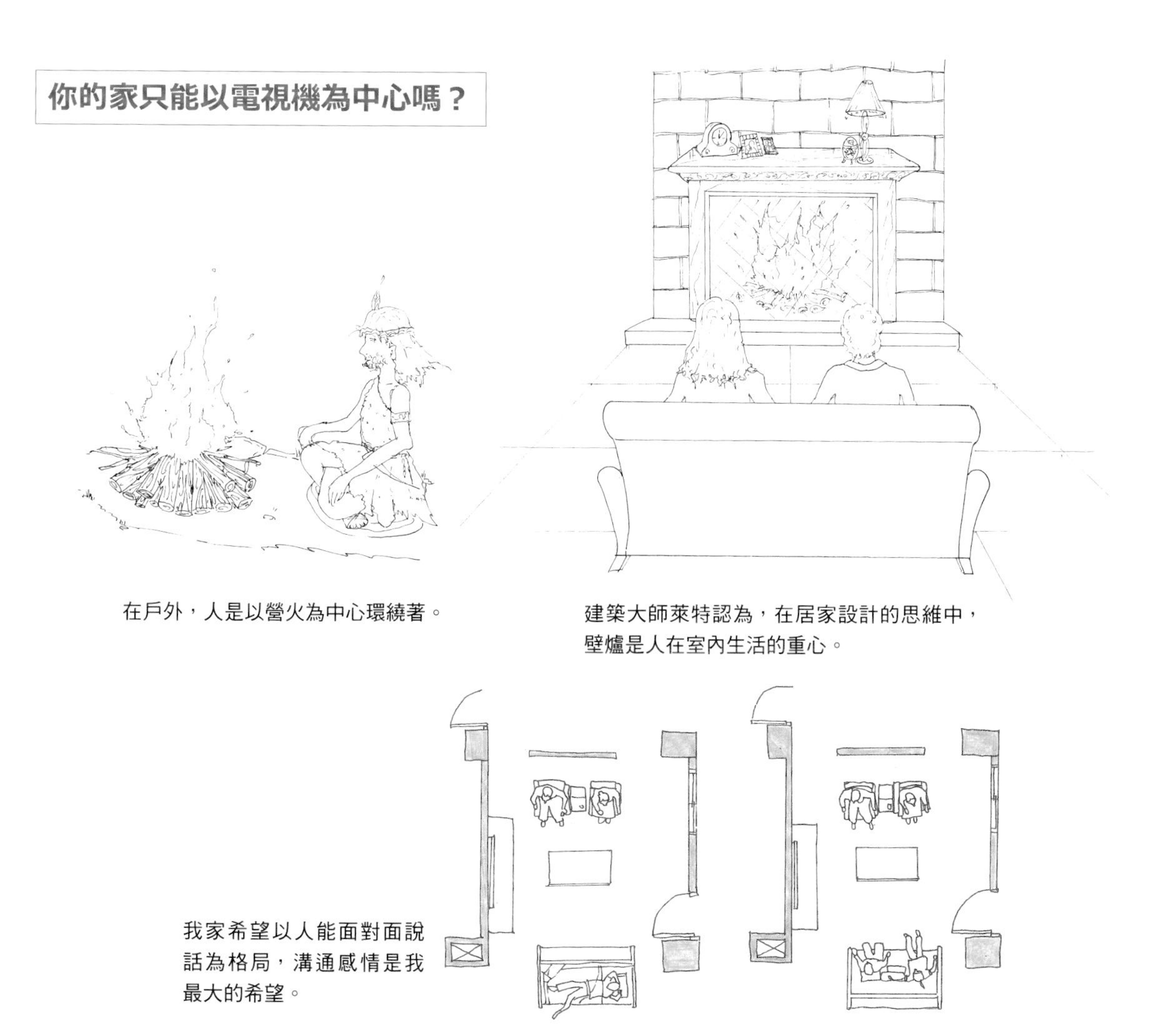

在戶外，人是以營火為中心環繞著。

建築大師萊特認為，在居家設計的思維中，壁爐是人在室內生活的重心。

我家希望以人能面對面說話為格局，溝通感情是我最大的希望。

優點2 客房隔間就有 4 種作法（白天終於不用開燈了）

專業設計師最著重的是增加空間的優點，想辦法讓空間看起來比實際大，可是真正施工的部分不一定比較多，有經驗的設計師還是會在有限的經費做重點施工，實際能使用、動線很理想，剩下的風格可以靠色彩和佈置來創造。

自己按圖發包的確可以仿做喜愛的風格，但缺乏專業訓練，無法替你心愛的房子增加更多優點，我的家在改變隔間方式之後，變成一間白天不用開燈的房子，空氣也產生對流，讓潮濕的問題獲得改善。

優點3 第 3 間房不一定只有和室，也有別種運用安排法來創造更大面積。

創造更多空間面積的功效也是設計師追求的，單身者住在 3 房其實很不方便，常常有一房會變成混亂的垃圾場，專業的設計師就建議暫時減一房，做為更多元的用途；可是 3 房的架構要先留好，例如空調的位置、水電、開關都必須留好，即使家庭成員有變化，就能採取最快、最省工的施工隔間，不用勞師動眾。

未來容易變動的空間架構

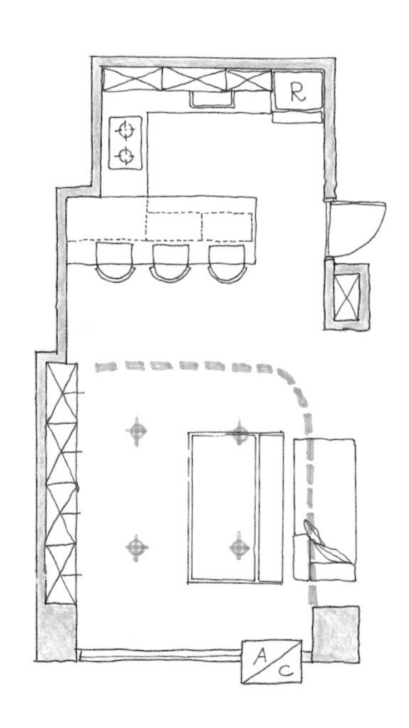

把燈光開關與空調都預留好，加上 2 道牆就馬上回到三房架構，現在讓單身屋主可以完全享受整個空間，將來增加家庭成員也能立即變身。

客房與客廳之間的隔間法有四種

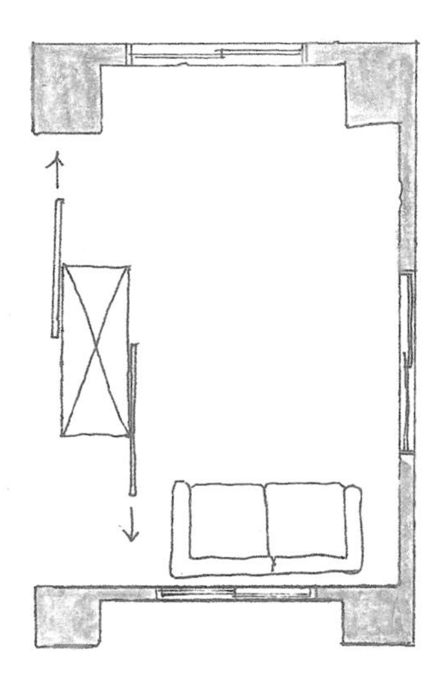

以衣櫥為中心的前後兩片滑軌門，也是屋主最後選擇，平時都打開，通風與採光都很好。

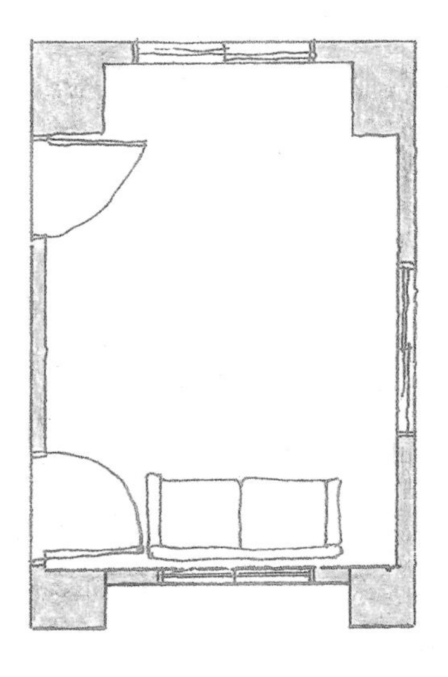

傳統隔間牆比較薄不占空間，房間內牆面還可以放下書桌或矮櫃。

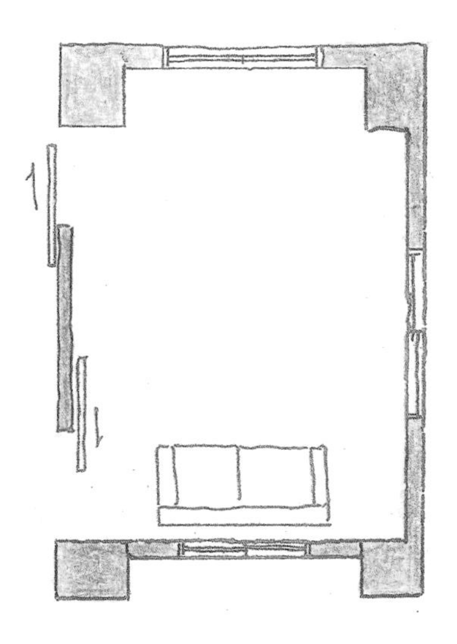

傳統隔間＋前後滑軌門。

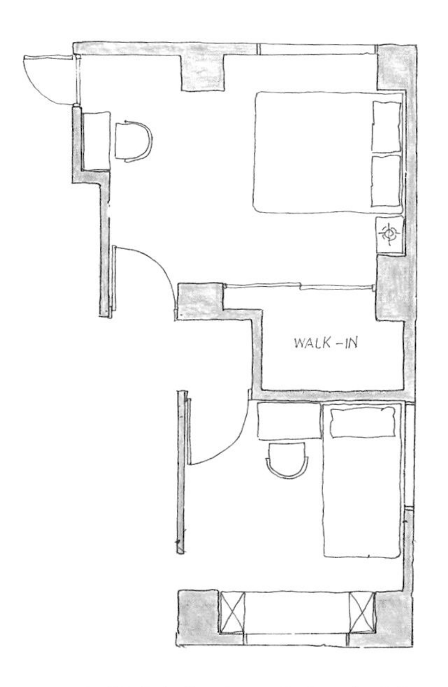

如果臥室多一間更衣室，客房的入口就必須改變方向。

優點4 開放式廚房的3種安排法（母女可以同時在廚房煮飯）

廚房與餐廳融合成一體是這個空間最適當的安排，L型的廚具只比一字形多了45公分，其實還不夠好用，所以設計師將餐桌當作廚房一部分，下藏收納櫃，等於是ㄇ型廚房的長度，母親來台北時，就可以一起在這裡做菜。

優點5 為我特別製作的設計：收納式餐桌（生活好方便）

我認為理想的廚房收納，應該是讓任何人都可以在廚房輕易找到東西，不用一直喊主人過來協助，所以某些櫥櫃絕對要採取開放式，但是又不能被客人看到凌亂的畫面，因此設計師利用餐桌下方、朝廚房方向，做了食物專用的收納位置。

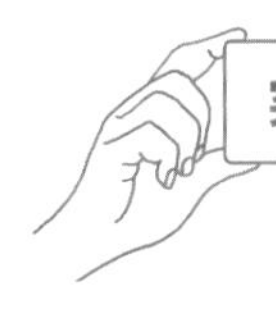

突發狀況馬上就解決：損鄰、噪音、管委會……

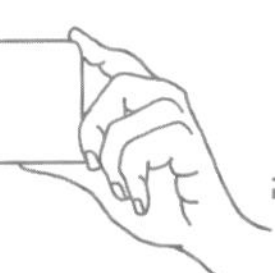

裝修過程有許多突發狀況不能預測，我覺得這是聘請設計師最大的好處，他們會將解決方法列出來，讓屋主放心。當時拆掉餐廳區的木櫃，才發現裡面是畸零角落，設計師馬上提出兩個方案，讓我可以做決定；如果是請木工師傅，屋主就得丟下工作、趕回去自己想辦法。

還有些狀況是水電拆除，結果拆破管線，水沿著樓板縫隙流到樓下（中古屋常見現象），漏到鄰居家產生糾紛；施工師傅不小心撞壞大樓設施、拆除太大聲影響鄰居，灰塵與工地現場安全管理，都不是平時上班的我們能夠處理的，設計公司有管理工地的經驗，會負責恢復和賠償。

開放式廚房的排列法

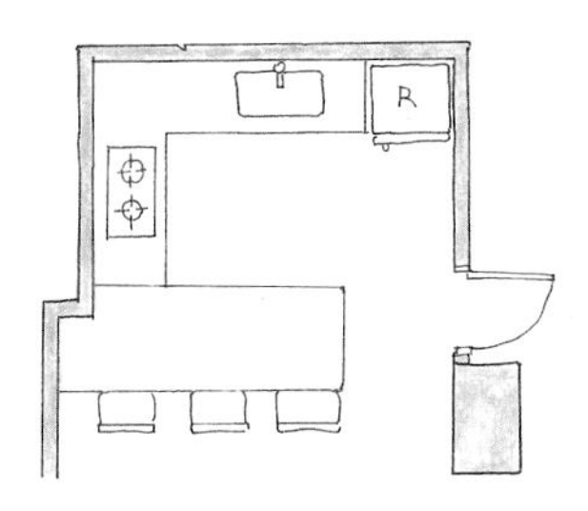

兼作中島的餐桌

與廚具距離比較近，既是廚具的一部分，也是餐桌。

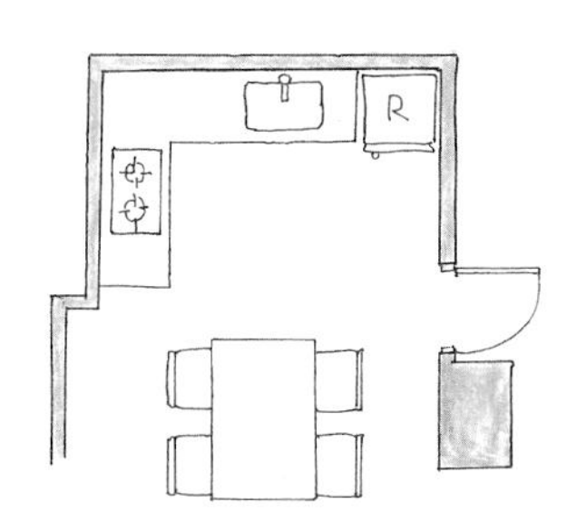

有正式餐桌區的設計

可以避開公共浴室門與餐桌相望的問題。

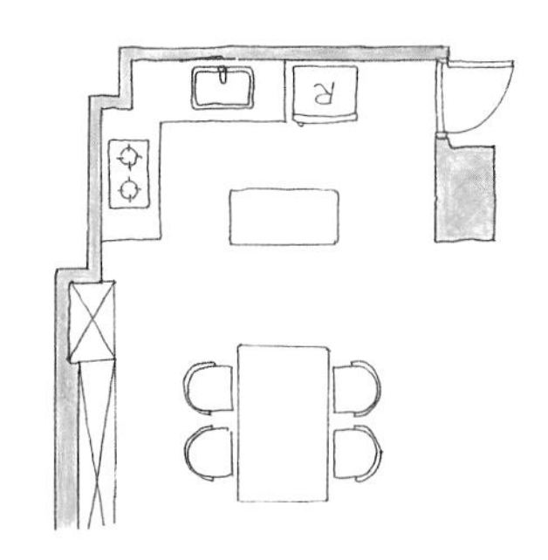

增加一座小中島

讓工作檯面增加，可以讓許多人同時使用廚房烹調。

專業設計師總會有不同的設計法提供屋主思考。

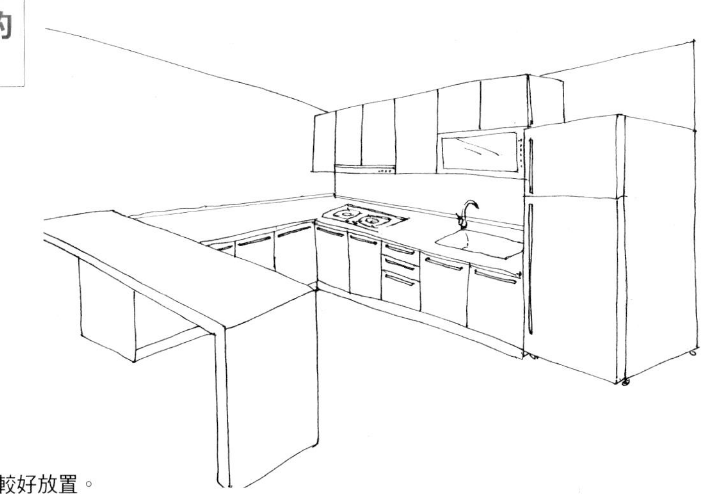

①懸橋式的餐桌

視覺感比較輕盈，腳也比較好放置。

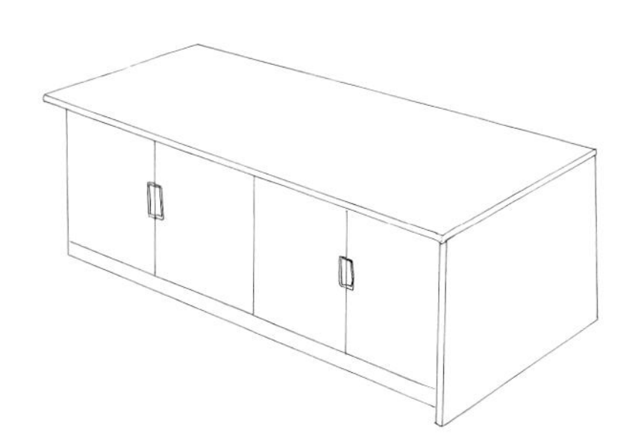

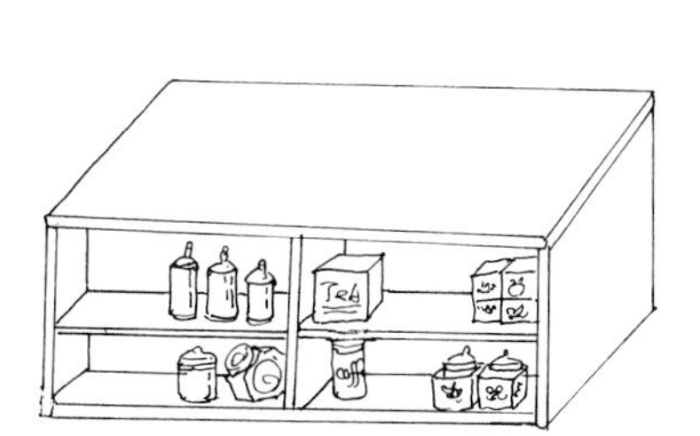

②兼做收納櫃的餐桌

雙面設計，面向公共區域的有封閉式門面，面向廚房則是開放式層架。

Chapter 02

朝百萬裝修錢進！30萬元就動工

分段裝修提早享受幸福生活，Grace親身經驗大公開

歷時 4 年的裝修過程，在許多朋友眼中，都是一場不可思議的冒險，但是我的經驗告訴我，除了生活上會有兩段時間比較不方便之外，分段計畫反而是最確實的方法，因為有足夠的時間安靜沉澱，與設計師一起達到最令自己滿意的結果，而且在售屋時，達到極佳的效果。

第一階段 2004年 ▶ 30萬元

和設計師合作
我要把重心放在「參與創造」

一間房子到底應該安排成「幾房幾廳」，並沒有好壞分別，因為有的人在乎的是房間數量愈多愈好，有的人覺得房子看起來寬敞舒服比較重要。每位設計師規劃出格局，都有他們為屋主考慮的原因，青菜蘿蔔各有所好，所以「格局無好壞，適合誰來用最重要。」

PS: 本章節內的工程價格皆為 2004 年當時的報價，歷經 3 度建材與工資上漲，與現在工程費用有所出入。

Profile

意象空間設計工作室 I 李果樺
台北科技大學工業設計系畢業
2013 年展出家具設計「喜新戀舊」
室內設計執業 20 年

屋主 I Grace
時時都在裝修自己家的人

2000 年買下這房子，有著貸款和租金雙重壓力，我急著想搬進去，在前一位設計師規劃平面圖時，想要快又多，沒多給設計師設計的時間，花了 80 萬元做滿三房兩廳的裝修，下場是全家亂糟糟，甚至被朋友認為我是不擅理家的人。

雖然估計出工程費用會接近 100 萬、現在也只有 30 萬元，我面對的抉擇是：①再存錢等一等。②還是「分次進行」，忍受兩次工程帶來的灰塵和不方便。

2000.01

BEFORE

半開放式的廚房還多做了收納櫃，電鍋最後還是放在地上。

典型的1字形廚房，廚具長度為206公分，本來沒有放電鍋和微波爐的位置，為了增加收納，拆除廚房的隔間牆，又做半高收納櫃，我發現自己還是不能接受把電器放在檯面上形成的凌亂感。

有壁櫃、伸縮餐桌，可是坐在裡面的人一移動都得有人讓路。

1. 因為餐桌與壁櫃的距離只有 50 公分，收納與取用物品不方便。
2. 為了宴客買的伸縮餐桌，發現靠內側的人要出來盛飯，旁邊的人得站起來把椅子收進去，才能讓出走道，桌子一拉開更擁擠。

美學修正：設計師認為我家的廚房 L 型長邊牆面過短、擺上冰箱會產生畫面不完整的問題，於是加作一座櫃體，將冰箱也包裝起來，使廚房有整體性，視覺看起來會更寬敞。

設計師應具備的專業
一個家有兩個設計師

很多年前有位設計師告訴過我，每個家其實有兩個設計師，一個是屋主，另一個是負責實現計畫的設計師，如果屋主和設計師恰當扮演自己的角色，甚至是幫助室內設計師激發更多創意的重要化學因素。

設計配方 1.
即使在第一階段，就要全盤檢視整體空間架構

負責施工的李果樺設計師認為，即使第一階段只有 1/3 的工程費用，設計者也不該只陷入局部空間中，應該全盤檢視「配方」值不值得？例如：要大舉遷移廚房的位置嗎？預算夠用嗎？這樣改變能為空間加分多少？好的設計師會朝著「對這個房子最有利的格局」、「改善房子的缺點」、「滿足屋主需要的生活」三個目標思考。

在討論之後，設計師認為：
①管道不用遷移才省錢，維持廚衛原有位置：如果將廚房移動到落地窗旁，工程浩大費用高，而且外圍牆不能降低高度，達不到我心中期望的「在日光中用餐」的畫面，就不要花這筆錢。
②客房採取開放式：兩間客房先不拆除，將來應該會運用開放式的手法來改善連白天也要開燈、空氣循環不佳等問題，執行細節可以等到第二階段才討論。

設計配方 2.
第二階段動工也不會影響到的地方先開工

在確定先動工的是空間最角落的開放式「餐廚合一」後，開始討論設計細節的過程中，我一面尋找各種書籍，一面也思考未來餐廚中心到底應該給我那些生活？雙方想法互動後，設計師設計出一張超大餐桌兼雙面收納功能，比正常餐桌高度低 5 公分，可以輕鬆把手放在桌面上，感覺彼此更靠近。

2004.05

決定我的三周臨時生活方式

動工的部分是空間的最邊緣，影響最小，所以我還可以繼續住在右半邊，不用搬出去。只有一個晚上牽涉水電工程、必須停水的情況下，下班後到附近的大眾湯屋盥洗；其他人也可以選擇到健身房等地方洗澡。

設計配方 3.
設計師的省錢絕招

在廚房水槽與切菜區的壁面上，全面用美耐板封起來，不用拆除也不用貼磁磚，容易擦乾淨，只花了 3000 元。
炒菜區就用噴砂玻璃作壁面，只要 2000 元。
天花板、壁櫃都由木工來施作，因為有畸零角落與樑柱等不平整的問題，要靠木工師傅抓齊整齊線。

聰明屋主應把注意力放在設計
好屋主能讓設計師全力以赴

第一課：
選擇適合你的設計師，要「自我個性評量」+「觀察設計師的回答」。

雖然分段裝修歷經 4 年，以及兩段生活比較辛苦的經驗，中間的過程卻是很令人期待。我的心得是，所謂的好屋主不是隨便由設計師做決定，也不是堅持自己要的東西，屋主在溝通過程中問自己：「我」需要甚麼？我要如何參與設計？用互助的心態與設計師合作才是屋主最重要的任務。

和設計師認識、溝通就像一場短期的合夥關係，我發覺「個性互補」比較能促進良性溝通，如果雙方都是搶發言的性格，比較容易發生完工結果與你期待大不同的落差與糾紛。

想要選哪一種設計公司才會得到愉快的結果？我提醒大家，可以從自己的個性與條件來評估：
①**個性比較強勢、意見也多的人**(例如我)，適合態度穩重安定、甚至有點內向的設計師，比較能陪伴屋主經過思考與浪費的過程。

②**如果你的個性比較隨和**，平時工作、休閒沒太多意見的人，就要選擇態度堅決、執行速度快的設計公司，免得屋主搖擺不定、拖延施工時間。在第一次面談時觀察出來雙方屬性，所以不要急著希望設計師到工地丈量，好好認識彼此才是最重要的事。

拆除看見的問題：拆除原餐廳壁櫃後，發現原來有個畸零角落，設計師馬上通知我，他決定不要修平，反而加裝往下的燈光讓這個區塊更形深邃，延伸景深。

第二課：
參與設計比自己發包還要有真實感。

因為期待新家完成的緊張心情，我聽過很多屋主對我小小抱怨：「都過了一個禮拜了，還沒有看到修改的設計圖」、「設計師不肯先來丈量工地，説要付車馬費」、「都是設計師決定了風格，我只能照單全收，好像是別人的家。」，也因此有人覺得要自己設計、發包，感覺有「手作感」，才有參與的體驗。

這種緊張、想一直打電話給設計師的心情我也經歷過，搞得雙方緊張兮兮，圖面也沒有大進展，後來我給自己訂下另一套功課，先從了解自己開始，所有答案都在下一次和設計師見面時提出來，因為小小的行為都可能影響格局形成的變化：

Q 你一回家就先脱外套嗎？還是走進房間才脱？
Q 你出門前時常找不到鑰匙嗎？
Q 維他命藥瓶就放在餐桌上嗎？
Q 你閒來無事會看書還是開冰箱？
Q 孩子們都喜歡在哪裡玩遊戲？

2004.07

費用表

35 萬元
規劃期：3 周 / 施工期：4 周

拆除	15,000 元	①廚房與餐廳全部 ②客廳天花
油漆	20,000 元	
水電	40,000 元	①移動瓦斯管 ②增加燈具
廚具	120,000 元	①採上掀式門板②冰箱也包起來
泥作＋地磚（廚房）	15,000 元	
訂製餐桌	27,000 元	
木作	50,000 元	①客廳平式天花②餐廳白色壁櫃③廚房天花
設計費 + 監工費	15,000 元	施工面積 5 坪

（本表的工程價格皆為 2004 年的報價）

第二階段 2006年▶65萬元

無界限的空間計畫：客廳可大也可小，好像擁有3個房子

PS: 本章節內的工程價格皆為 2007 年當時的報價，歷經 2 度建材與工資上漲，與現在工程費用有所出入。

準備第二階段用了 2 年，是一段「想法沉澱期」。很多屋主最常犯的毛病是想到的東西通通加進去，這些想法經過一段時間後，就不一定有多重要，終於我不再堅持「三房」的觀念，也不再認為解決收納問題的方法是做滿櫃子，讓設計師盡力發揮創意，最後他提出的「可變動的空間計畫」，滿足我一個人、社交不同的情境，好像擁有三間房子。

設計師應具備的專業

設計師觀察現況後，提出了幾項需要改善的問題：
這個房子位在邊間，擁有非常好的三面採光的條件，卻因為房間的隔間牆把住家切成三段，造成每個房間雖然有窗戶，白天卻顯得陰暗，空氣也不能彼此流通；還有就是和他看過的許多住家一樣，很少使用的和室會因為人們隨手亂放東西，最後變成垃圾場。

一種設計 N 種優點：面積無界限同步改善採光與空氣流通

所以設計師的計畫是：①決定取消固定牆面②用家具來界定空間性質。
所以這個房子的「隔間」有兩種方式，一邊採用雙扇滑軌門隔間，平時打開讓兩個窗戶的空氣能流通，亮度也比較大，另一邊運用沙發與活動屋的背面書架來分別出客廳區的界線。這樣的動線把整個房子的 2/3 面積通通釋放出來，屋主一個人也能完全享受到公共空間，在初夏時分，都不需要開空調降溫。

2006.05

設計師觀察紀錄

「預算不足只要有計畫，幾十萬元也能開始享受設計規劃的優點。」
屋主 Grace 來電時，發現她對整體經費的概念很清楚，也是一位知道設計師角色的屋主，但是她對居住空間應該已經失去「家」的感覺，才會在如此少的經費下，願意忍受工程中產生的不方便，也希望即刻開工，這種務實的屋主，相信她會將分段計畫全部完成。

預算控制重點：
簡化建材、黃金比例交錯運用木紋、舊家具修整保證美感又省錢

因為 65 萬元也不是夠多的經費，設計師在建材上簡化到只有三種：兩種木皮交互裝飾櫥櫃與滑軌門，兩端互相對望形成對襯的設計，文化石做電視主牆；把空間硬體裝飾做到最簡單的好處，不只省錢，設計師希望將來完全不必動到工程，屋主光換家具就能換出一種新風格。

65 萬元該如何分配

拆除原本固定隔間牆後，這種全開放、又用家具界定空間性質的手法，適合愛變的我，就算下雨天，我也可以在家散步 15 圈，看著三隻貓在家把「暴衝」當運動，生活有十分有味。

不能省的是…

①天花板
②客廳內藏音響線
③會走路的客房，機能、空間二合一

聘請設計師最大的好處就是擁有驚喜的設計，這座「會走路的房間」，創意來自日本建築師坂茂將空間變成四個可以移動的盒子，隨著居住者自己定義空間的想法，李果樺設計師因此將和室變成「可居住式的活動屋中屋」單元，在開放的彈性空間隨著位置變化、角度變化，定義出不同的我。

它可以推到角落，增加客廳空間，即使一次來 15 個客人，都有足夠大的大客廳，活動舒服；晚上把活動屋轉個方向面對大書櫃面，就成了有隱密性的客房，滿足睡眠的需求。

2006.06

痛苦實況

客廳一邊有大門，另一邊要留下客房出入口的走道，變得很小。

明明是大尺寸的房子，客廳顯得非常小，餐廳又在另一端，無法形成開放式空間，感覺上客廳好像只剩下沙發的空間供我使用。

雖然是開放式隔間，設計師還是保留整體空間架構，包括水電空調，然後運用家具隔間概念，等於省下隔間牆的費用；建築樑柱也乾脆露出來，加上間接燈光，讓家看起來有變化感。

第一階段完成的開放式廚房、餐廳，結合用活動家具隔間，視線不受阻擋，還可以與客廳的人互動，讓我家看起來放大許多。

活動屋寬度有 100 公分，裡側還有刻意留有一道透光用的縫隙，就不會有封閉壓迫感。

可以省的是…

①油漆：塗料的品質要選好一點、無甲醛，至於油漆工程的品質可以差一點，例如減少工序，因為油漆面積大，降價幅度也大，而且油漆品質差一點，並不會影響生活。

②地板：一樣是面積大、降價幅度大的工程，選用超耐磨地板就是便宜又省工時的方法，而且屋主養了三隻貓，不用擔心地板被爪子損壞，不用維護才是輕鬆的生活。

③ 3 機：廚房的爐具與抽油煙機，甚至空調等級都可以選低一點的品項，因為管線已經都更新在正確的位置，這些物件將來就算想換，都是屋主自己可以很容易採購。

④家具：我繼續沿用的舊家具有黑色沙發、電視櫃、茶几、

2006.07

痛苦實況

和室只適合勤快的人，不然就會變成最亂的地方。

具有收納、客房、工作室三用的和室，最後對我來說並不好用，例如：物品收納規劃在地板下，書桌的尺寸不適合在職人士使用，唯一的書櫃就在和室內，每拿一本書就要跨上和室一次，不方便結果把和室變垃圾場。

即使是女性也可以輕鬆推走「活動屋」，這個創意源自於「居家單元化」的前衛觀點，讓我擁有一個充滿創意的住宅，還能滿足客人來訪留宿的臨時需求。

「活動屋中屋」一面是 CD 架、一面是睡覺區入口，下方有 4 個大輪子，既可旋轉也可以移動，讓客廳瞬間變身舞池或是玩 WII 的地方，三隻貓最愛的就是滿屋子追跑。

舊餐椅、房間內櫥櫃、以及分離式空調。

⑤衣櫥門片貼塑膠箔皮：主臥室的衣櫥是 10 年前購買的系統家具，木皮是櫻桃木已經不流行，但是櫥櫃本身品質還非常好，換門片也要花費 3 萬元，所以只在表面請木工師傅貼上白色箔皮修整。

小細節讓房子變大了

客房（靠近主臥房）的隔間用前後落差 50 公分兩片滑軌門，有放大房子的效果！

一般住家建築內的房間隔間，常常會有門對門或是房門緊緊相鄰的情況，我的主臥室的門與隔壁客房的門就是屬於彼此垂直相鄰的情況，很多人無意識中會覺得房子小都是這樣的細節形成，因此在新的設計中，設計師不光只是運用滑軌門，並且把與主臥室相鄰的這片門做成後片，落差有 50 公分，和以前比起來，就會讓屋主感覺房子比以前大。

我要住哪裡？

我先將家具與非當季衣物打包好，並詢問附近鄰居租到 1 個空車庫，我自己則是向朋友租了一個房間，幾千元便可以住到裝修完成。其他屋主可以選擇迷你倉庫寄放非當季物品更便宜。

活動屋中屋4個角度

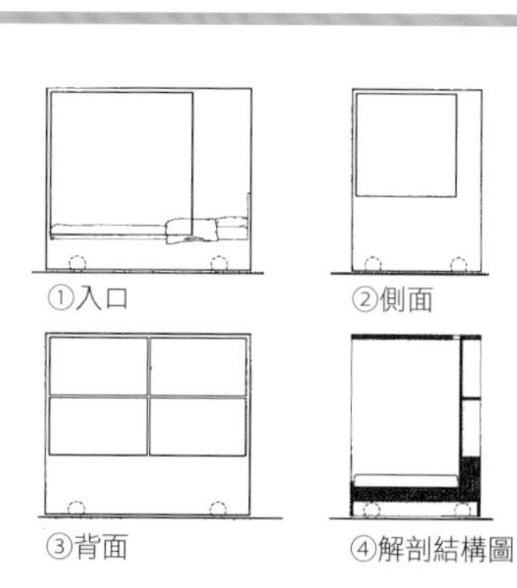

大面積的書牆完成我最想要的生活，時時都可以與書親近。

拉門拉開後，房間內的採光和通風都可以和客廳共享，夏天也會有舒適的室內溫度，只是預算不夠，這裡應該有的收納家具就暫時用舊的，門片背後設計了固定鎖，將來作為固定臥室使用時，也等於有固定的牆壁。

大門邊鏤空做了一道玻璃磚，幫忙讓客廳再明亮一點，左邊的滑軌拉門後方是另一個房間。

分段裝修是「基礎工程先搞定，美化工程可以由屋主慢慢玩」

分段裝修某種程度可以說是「先打底、再美容」的觀念，因為大方向已經底定，剩下的只是房間內部配件，可以慢慢添購。設計師告訴我，未來我還可以自己貼壁紙、換油漆、添購個性化的家具，慢慢形成自己的風格。

在新的家生活後，發現各色物品都有自己的位置，不用特別收納，家裡也很整齊，這才明白，只要經過精密的設計，其實我也可以成為很會收拾家的人。

更新後的公共衛浴，故意利用灰色的壁磚讓空間感深邃一點。

主臥室內僅將衣櫥面板貼成白色，修改過往櫻桃木偏黃的舊感。

費用表

65 萬元

拆除	46000 元
油漆	60000 元
水電＋燈具	50000 元
系統櫃	40000 元
泥作 (含鋪磁磚)	80000 元
衛浴設備	50000 元
窗簾	30000 元
木作 (天花與壁櫃)	150000 元
設計費 + 監工費 (施工面積 18 坪)	90000 元
超耐磨地板	60000 元

(本表的工程價格皆為 2007 年的報價)

2007.07

第三階段 2007年 ▸ 5萬元

延伸到第三階段的就是添購家具，包括客房內的系統壁櫃和餐廳的兩張餐椅，因為又多存一年錢，所以可以選購精緻的系統家具和設計師單椅。簡單的硬體等將來我換油漆顏色、換壁紙都可以很容易改變我家的風格。

所有屬於客人留宿要用的寢具，都可以收在這個位置，旁邊的高櫃是空給客人使用吊掛外套的地方。

Q&A

分段裝修該怎麼區分階段？擬定裝修計畫拉長時間換省錢好空間

計畫篇

Q 該如何擬訂分段裝修計畫？

A 第一階段照顧房子身體，第二階段開始整修美容。

分段裝修是因為預算不足而進行，因此可以將裝修工程分為：區域裝修和內容裝修，前者針對最需要改善的區域做局部裝修；後者是有系統性的「雕塑身材」，從格局面解決光線、對流、動線與廚房浴室管線，第二階段像「選對衣服」，慢慢選購合適的家具、壁紙等物件。

Q 若只打算動廚房或浴室，可以直接請廠商規劃局部設計嗎？

A 第一階段必須草擬格局

有時候屋主感覺哪個空間不對勁想更改，卻沒發現問題並不出在局部空間，貿然修改只是浪費錢。分段裝修與局部裝修最大的不同在於，前者要有全面計畫性的安排，第一階段就要擬定平面配格局，若是等到第二階段再有變動，反而造成浪費。道理類似預售屋的事前「設計變更」，建議還是要找信任的設計師做全盤規劃。

Q 分段裝修有沒有風險與缺點？

A 分段裝修的施工時間比較長

分段裝修可能會發生「屋主的熱情因時間拖長而消失」、以及「能否接受兩次工程干擾作息」，但是原則上，只有在動最大污染工程時，才需要屋主搬到外面住。但是因為分段裝修變動的區域小，對廠商而言利潤比較低，如果屋主自行發包，對方反而會提高成本報價；如果由設計師發包工程，可以兼顧屋主與工班利益平衡，可多利用工班空餘時間來施工，價格與整場是一樣的，只是天數稍不穩定，工期較長，等於是用時間換取金錢。

工程篇

Q 整修廚房與浴室時，會有多少時間無法用水？

A 整修浴室大約有 7 ～ 10 天無法用水

整修廚房大約有 1 天無法用水，浴室就有 7 ～ 10 天不能使用洗澡設備，但因為不會斷水斷電，大約下午 5 點鐘以後就會恢復用水，不用擔心用水問題。

Q 分段裝修的工程進行時，所造成的居住不便要如何解決？

A 選擇施工快速的材料，多利用廠外製作

為了簡短工程時間，建議使用快速施工建材，例如不拆地磚直接鋪設超耐磨地板，3 天快速施工，省錢也省時間。只有「天、地、壁」需要現場施作之外，其他多利用廠外製作、現場組裝的系統櫃體或家具，也可以節省工期。

Q 分段裝修應該先做哪一區域，以後才不會弄髒？

A 汙染工程先做、從裡做到外

「汙工先做」指的是會弄髒環境的工程，例如拆除、泥作等，所有進行工程順序與一般施工一樣：拆除→水電配管→泥作隔間、貼磚→木工→油漆→燈具，可優先作為第一階段；「從裡做到外」較不會弄髒第一階段設計。

Q 分段裝修在地坪接面上，會不會難接縫，或破壞原有地坪？

A 先做磁磚區再做木地板區

地坪水平要以第一階段施作的地坪為基準，後續做的要遷就先做的，而且廚房與浴室的地磚鋪面本來就可以比客廳木地板高度略低一些。至於第二階段的拆除工程會不會破壞第一階段的地坪呢？若第一階段鋪的是地磚，就不用擔心，若是木地板就容易有刮傷的問題，建議施作時要先做磁磚鋪面區，不同材質可以用大理石銜接。

費用篇

Q 重複的工種分兩次進場，難道不會增加預算嗎？

A 依照工種進行順序擬訂計畫

Grace 家重複的工程有拆除、油漆、水電，因為拆除與油漆的總價不高，不會造成影響，而且第一階段拆除廚房時，還可以委託新的廚具公司酌收垃圾清潔費處理，省下原本的拆除人工費；至於第二階段木工工程的項目不多，也只需要一個木工師傅就可以完成，預算不一定多太多；水電工程確實是影響比較多的項目，但和日後各種建材、工資上漲比較起來，提早施工還是賺到了！

Q 分段裝修有可能比較省預算嗎？

A 利用折扣活動預定家具與建材

一旦決定分段裝修就代表「時間站在你這邊」，不因現實工期所必須妥協當時的產品價格，因此可以擬定長期計畫，例如廚具商品季節性樣品出清時，把握時間做第一階段裝修，善加利用各廠商折扣期選購特價品，也是分段裝修的優勢。

從6坪到33坪
好有設計感！
卻花不到100萬

買投資客裝潢好的房子再改裝，只花35萬元很划算。

投資客把全部裝潢費用都含在總價中，屋主一併可向銀行貸款7成；不用花錢做廚房、浴室與地板，自己只再付35萬元改裝櫥櫃門片，比買空屋更划算！

機關、收納、風格結合在一起，53萬元內收好500件雜物。

拉高木工費用比例，利用隔間的必要性，加上訂製機關書桌，隱藏、拉出都可以，不會占空間，在53萬元內作出收納1000件物品的家。

多用途家具設計都有2~3種的加值概念，70萬元賺到5種的空間變化。

2000元長條黑鏡帶窗景入室、免掛畫；3000元造型壁燈是裝飾品，燈光又可以營造氣氛，省下壁面裝飾的費用；活動的櫥櫃層板、書桌與和室，適合大人也適合照顧小孩。

從35萬到100萬，一次就完工

14個實踐低預算工程的真實居家空間解析，推翻你的花錢迷思。

35萬

20坪｜傳統公寓｜中古屋｜夫妻、1子

買投資客裝潢好的房子划算嗎？

｜局部改裝靠木工系統化省又美

裝修預算有可能只要35萬嗎？屋主葉穎和隆健德買下投資客裝潢好的中古屋，看好房子仍預留可規劃櫃子的空間，隆健德拿出設計專長，自己畫櫃子圖，利用系統家具「木工化」方式，挑選中上等級木紋美耐板，把空間變成濃濃的無印良品風格，簡單又舒服。

設計▷Atelier-1 工作室　**攝影**▷劉煜仕

屋主預算調查

花多少？

35萬

花在哪？

空調工程 60,000元
鐵窗工程 68,000元
家電 10,000元
家具家飾 12,000元
木作工程 200,000元

以上報價會依物價波動而有改變，僅供參考。

花更少？

逛家具賣場時從特價出清品開始逛起，有時候反而會發現許多好貨。

值得花？

投資客裝潢通常不會用太好的材料，有些地方寧願多花一點小錢。像是嵌燈換上防眩光燈罩、間接照明也改成連續燈管，可讓光線柔和許多。

設計師幫屋主的省荷包秘招

融合系統家具與木工的新選擇

(1) 木作工程在裝修費用裡佔很大比例，現在有不少木工廠以系統家具的模式在工廠製作，工廠會將其模版化，完成後直接在現場組裝拼湊即可，這樣可省下不少昂貴的工錢，也降低施工現場紊亂度。

(2) 現在材料廠商已開發不少合成面材，細膩度不亞於天然面材的質感，從木地板、石英磚到木皮的完成面都有許多選擇，價格上它們比天然材質經濟，施作上更快捷方便，工時縮短工錢又可省了一些了。

(3) 從設計面來說，工整簡潔的設計絕對比複雜繁瑣的設計省錢，若屋主具有簡單生活的觀念，又能不被建商所鼓吹的奢豪風格所影響的話，金錢上應不致有太大的問題。

屋主的裝修心聲

「婚後住的地方進門是一張大桌子，上網、吃飯、看書都在那張桌上，最後東西越堆越多，而且我習慣一回家就開電視，上網時也要看電視、聽音樂，喜歡同時接收不同資訊。」

設計師的解決之道

畸零角 + 現場木工 = 隱形工作區

考量房子坪數僅有 20 坪，並不適合再硬擠出一個空間規劃工作區，加上屋主都希望兩個人即使上網、看書也能看到彼此，於是，拆除原有餐廳主牆旁的玻璃展示櫃，打算利用畸零角落規劃成書房，然而考量空間為不規則形狀，櫃體設計建議採現場木工方式，避免出現尺寸不合的情況。因此，隆健德畫好電腦工作區所需櫃子造型，交由木工依現場實際尺寸訂製，而一旁的牆面則為書櫃，並搭配活動拉門設計，當門闔起時就能把書房變隱形，減少視覺凌亂感。

屋主的裝修心聲

「過去租屋或借住親戚家， 收納對我們來說是最痛苦的，像統一發票都是丟進小缽，累積之後又滿出來，老公的 CD 和設計書很多，也沒多餘的空間收納。」

設計師的解決之道

系統家具取代木工 一面牆變出三種收納機能

小空間並不適合太多零散櫃子，現成家具尺寸又不一定會剛剛好，木工也會比較貴，這時候可以透過設計師整合所需機能，以系統家具的模式完成。好比隆健德利用一個牆面位置，將電視櫃、CD 櫃和書櫃結合，好處是書櫃較難以拿取的底層，可延伸變成電視櫃的抽屜深度，又能依照各種物品(發票、文具類、藥品…)設計分格尺寸，抽屜層板也為活 設計，可隨著物品大小作更換，重點是連同小孩房書櫃、主臥房電視櫃加起來才 8 萬元，便宜又實用。

設計師的解決之道
原牆體加厚 3cm 阻隔噪音

投資客把一大戶房子隔成兩間賣，戶與戶之間砌的是白磚，「白磚的硬度夠，但是本身結構較為鬆散，而且只是用黏著劑疊起來，隔音效果非常不好。」身為設計師的隆健德説道。一般來説，如果要達到非常好的隔音，預算夠的話可以採像 KTV 等級般的作法，不過我們為了省錢，只在原牆面加兩層矽酸鈣板與吸音棉，隔音效果也算中等。

屋主的裝修心聲

「經歷過好幾年的租屋生涯，常常聽到樓上鄰居小孩奔跑或是夫妻、情侶吵架爭執的聲音，所以我很在意隔音問題。」

屋主的裝修心聲

「我們都不喜歡太制式化的東西，而且對生活美感有點小小的龜毛，所以連鐵窗也要有設計感。」

設計師的解決之道
連鐵窗也有設計圖 68000 元

屋主對生活的共同認知是，不見得要買名牌家具、家飾不可，只要看起來簡單有設計感，即便是 IKEA 也能接受，所以兩人也拒絕傳統厚重、大喇喇又沒有變化的鐵窗款式，隆健德決定自己畫設計圖、找工班，雖然比傳統制式 2 萬 5 千 ~3 萬元的鐵窗貴出一倍，但鐵窗線條變得更細緻，也不再只是呆板的直線條。

屋主的裝修心聲

「我們買房子並沒有侷限中古屋、新成屋，一開始也是覺得大不了屋況差就裝修，後來很幸運找到這間投資客裝修好的中古屋，幫我們省下很多裝修費用。」

設計師的解決之道

保留廚衛和主臥房　裝修預算省一半

這間重新翻修過的 20 多年老屋，雖然僅有 20 坪大，不過每個空間採光都很好，而且走道也不會感到壓迫，最重要的是廚房、主臥室、兩套衛浴功能、風格都很符合我們需求，一開始屋主也曾想過把主臥室梳妝台敲掉，換取更大的空間感，但如此一來又得增加拆除、泥作費用，還得想辦法找到相同壁紙把牆面補起來，最後還是保留。另外房子最大的優點是，像是主臥室、浴室還多預留空間增加櫃子機能，只是投資客裝修也有一些缺點，主臥浴室、陽台門都比較小，以洗衣機來說就只能買進口洗脫烘三機一體才能放進去。

35萬

6坪｜電梯大廈｜新成屋｜夫妻

夾層屋的樓梯該擺哪才對？

空中廊道化解樓梯壓迫感

你以為夾層屋的樓梯就一定得斜過電視牆才是省空間嗎？這樣不僅會讓空間顯得很有壓迫感，漂亮完整的電視牆還出現一條刀疤狀的線條，這個問題現在有了新解法，請看設計師如何創造出一條空中走廊，化解樓梯的壓迫感問題，還讓空間變得好詩情畫意。

設計暨圖片提供▷洛凡空間創意室內設計裝修

屋主預算調查

花在哪？

水電 25,000元
燈具 6,000元
窗簾+玻璃+壁紙 15,000元
家具 50,000元
木作與系統櫃 150,000元
空調 16,000元
鐵件 35,000元
油漆 35,000元
地板 18,000元

以上為2009年的報價，僅供參考。

花多少？

35萬

花更少？

收納櫃體的部分一律以系統櫃取代木工，節省貼皮和烤漆費用。

值得花？

因為將樓梯改為空中走道，讓電視保有完整的主牆清爽視覺，搭配特殊漆料粉刷，自然風情洋溢。

設計師幫屋主的省荷包秘招

不一定非選第一品牌空調設備

(1) 空調設備的價差從高到低不等，若預算真的有限，會建議不以第一品牌為優先考量，有時甚至選購至第三品牌設備，也一樣具備不錯的空調冷房效果。

(2) 除了非要木作工程才能完成的部分之外，建議收納櫃體可搭配系統櫃，幫助降低預算。

(3) 客廳主要焦點的壁面，可運用刷漆主色或挑選特色壁紙來強化空間層次，以減少木作工程來節省預算。

屋主的裝修心聲

「這是我們夫妻專屬的渡假小屋，希望能營造出放鬆愜意的氣氛，可以暫時丟掉工作壓力。」

設計師的解決之道
手作塗刷打造自然渡假風

考量挑高空間為渡假休閒居所，因此硬體規劃上採取簡練線條，加上大量淺色調鋪陳，值得一提的是，包括燈飾、掛畫、家具等軟體佈置也都由設計師搭配，所以顏色協調性極佳，像是挑高沙發背牆延伸淺色油漆刷飾，配上黑白綠相間的抽象風格掛畫，前端挑了一組草綠沙發，溫馨柔和色調營造輕鬆悠閒氣氛。不僅如此，設計師還貼心設想渡假空間親近自然與放鬆連結的創意手法，比方説空中廊道立面特別以特殊漆為屋主親手創作，經過重複刷飾、打蠟等過程，呈現如石頭漆般的立體原始效果，然而有別於石頭漆為制式規格品，手作塗刷反而更顯自然紋理質感。

屋主的裝修心聲

「房子挑高才三米六,
我們很擔心夾層的樓梯走
起來不舒服、有壓迫感。」

設計師的解決之道

空間廊道串聯夾層行走更舒適

重新審視空間與使用者需求之後，設計師總共提出三種不同的格局配置給屋主參考，詳細解說每種方案所需預算、設計手法，「我們非常重視前置溝通，願意多花一點時間了解屋主想法，如此也有助於後續工程上的認知落差。」設計師說道。以此戶來說，樓梯位置是最重要的關鍵，如果採一般常見斜面直線樓梯，電視櫃勢必安排在樓梯下方，反而造成視覺壓迫。因此特別將樓梯移往客廳底端的落地窗旁，以直線樓梯結合 180 公分的空中走道串聯夾層，讓屋主起床後擁有舒適的緩衝過道，而樓梯扶手也刻意運用鏤空造型，減少封閉感。

樓梯靠牆的第二個好處是，能保持公共廳區的完整性，避免被切割成零碎空間，從玄關進入屋內，設計師保留三分之二的挑高空間，結合開放一字型廳區動線，讓人進門就有遼闊的視覺效果，且夾層以可透視清玻璃材質為護欄，當屋主待在二樓也不會感到壓迫。

屋主的裝修心聲

「我們都很不喜歡整個房子做滿櫃子的感覺，最好是可以將收納空間都隱藏起來。」

設計師的解決之道

系統櫃作收納更省預算

在預算掌控上，設計師發揮出精準的功力，捨棄不必要的木作造型，樓梯扶手採取線條圓潤的鍛造，帶入柔和緩慢步調，收納櫥櫃則多以系統櫃代替，節省貼皮烤漆費用，再巧妙點綴鮮紅色吊燈，讓渡假小屋在預算限制下兼具質感。

而即便是渡假居所，設計師可沒忽略生活必備的收納機能，比方說進門的小廚房旁，規劃半腰鞋櫃兼展示櫃，門片甚至預留通風孔設計，一個小動作就能解決櫥櫃潮溼、異味，利用樓梯結構嵌入家電、棉被櫥櫃，踏板下亦是收納抽屜，細心考量每個環節設計，讓屋主夫婦每到周末立刻北上來享受這專屬的幸福感。

53萬

17坪｜電梯大廈｜新成屋｜1人

大面書櫃用木工做不會省到錢吧？

機關、風格一次完成，收好 500 件雜物

17 坪的房子，省去了天花板預算，以裸露管線設計和吸頂燈變壁燈的創意手法，讓房子產生有如挑高般的開闊舒適，加上大量比例的木作工程，完成複合式櫃牆，大書櫃、電視櫃、餐桌一應俱全，獨特的 OSB 板牆甚至成為個性展示與椅子收納用途，小房子處處是驚喜。

設計暨圖片提供▷天空元素視覺空間設計所

屋主預算調查

花在哪？

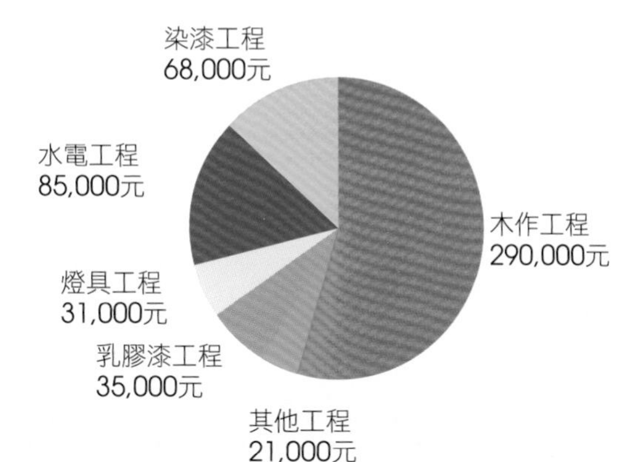

以上報價會依物價波動而有改變，僅供參考。

花多少？

53萬

花更少？

倘若只有將近 50 萬要翻修中古屋，應先著重於漏水、壁癌和廚房浴室的整修，接著可將較高預算比例投注於家具採購，利用喜愛的家具家飾單品表現自我風格，除非是活動家具買不到的櫥櫃機能，再選擇透過木作工程完成。

值得花？

木作工程雖然是花最多錢的地方，但卻讓大量的書籍和物品變得井然有序，甚至成為空間風格的一部分。

設計師幫屋主的省荷包秘招

裸露管線與鐵架　省成本又有風格

(1) 如果能有系統的安排裸露管線整齊不雜亂，反能成為裝飾的特色與重點，也可節省大量多餘的木作成本，並給予管線不同的輕色系，反能成為屋內設計核心。（但此做法只應用在一般管線製作上，消防管線則不能更動它的位置）

(2) 屋主有大量收藏品，但又希望減少木作成本，於是我們運用鐵架來製作，反而可以成為設計上的新風貌。

(3) 在裝修前最好能做好主需求、次需求及未來需求等項目分配，如果每一樣需求都要一次準備齊全，那麼這樣的預算就會超支了！

屋主的裝修心聲

設計師建議不做天花板可以減少木作成本，我很期待這麼大膽的構想會呈現出怎麼樣的效果！

設計師的解決之道

裸露管線設計 = 小房子變挑高

其實空間不一定要做天花板，陳鶴元設計師說道，尤其是像這間小坪數房子，不做天花板的好處是，房子看起來有如挑高般的開闊，又能省下天花板的木作費用，日後維修也非常方便，所以公共空間和臥室皆採用裸露管線設計，省略天花板，甚至客廳背牆更將管線與壁燈作結合，吸頂燈巧妙成為壁燈，不同的排列組合創造出獨特的壁飾效果，而管線與管線銜接處也特別利用人字鐵板，呼應後現代工業風格。

屋主的裝修心聲

我有大量的藏書，如果要做足夠用的書櫃收納，會不會讓空間變得很壓迫啊？

設計師的解決之道

複合式櫃牆 = 書櫃、電視牆、餐桌

由於屋主需要大量的藏書空間，佔較大比例的木作預算，依據小房子量身打造出大書櫃結合電視櫃的複合式設計，又不至於造成牆面的壓迫，同時為了不讓電視櫃的線條複雜化，電視櫃直接以大抽屜型式呈現，然而抽屜裡內藏玄機，大抽屜內又藏了一個小抽屜，簡稱為抽中抽，給予屋主作收納分類使用，不僅如此，大書櫃內也躲藏著一個機關，ㄇ字型活動桌，可依屋主需求拉出使用或收納起來，90 度旋轉後可作為簡單的工作桌、餐桌，且亦不會影響屋內的出入動線，公共空間依舊顯得寬敞舒適。

屋主的裝修心聲

「我喜歡簡約、
後現代的空間，不是
很能接受過於通俗和
制式的設計方式。」

設計師的解決之道

噴漆處理 = 超有型紅色玄關

一般電源蓋板幾乎都是用裝飾板或是掛畫，想盡辦法隱藏起來，但這並不符合屋主想要的獨特、創意，一方面又必須以簡單為主軸，於是陳鶴元設計師利用屋主最愛的紅色為串聯，電源蓋板、電鈴盒以噴漆處理成紅色，蓋板加上磁鐵，讓屋主能選擇喜愛的物品作佈置，包括燈罩、地毯也選用同色系，壁面鞋櫃上擺放著綠色小盆栽，透過色彩和軟件搭配的效果，讓小玄關也能很有味道。隔音效果也算中等。

屋主的裝修心聲

「房子的坪數沒有很大，但我又有很多具有特殊意義的收藏品，希望能成為空間的展示之一。」

設計師的解決之道

OSB 板牆搭配鐵件 = 展示收藏小品

從事美術設計的屋主擁有許多收藏品，每一件玩具、公仔對他而言都具有特殊情感與紀念價值，陳鶴元設計師認為，空間與收藏是息息相關，好的飾品也必須要有好的設計來相互襯托，所以除了大書櫃可作為部分收藏鞋、公仔的展示之外，陳鶴元設計師也利用客廳、廚房的走道轉角牆作延伸，並為喜愛鐵件的屋主突發奇想地找來水溝蓋取代木作層板，配上特殊 OSB 板為背牆材質，兩者結合呈現個性化的空間氛圍，又不會搶奪飾品、玩具的趣味特色，尤其層板下還利用支撐結構，可收納摺疊椅子，增加小空間的收納性，又帶來另一種裝飾效果。

裝潢小提醒

目前建商已經很少使用紅磚牆做隔間，因此 OSB 板牆上的水溝蓋板特別加作支撐架，提高牆面的結構性，另外掛置摺疊椅的支撐架尺寸也要經過事先計算裁切的凹口，才能恰如其分的將椅子掛置上去。

70萬

22坪｜電梯大廈｜新成屋｜夫妻

22坪變成44坪是異想天開？

多用途家具加值概念賺到 5 種空間變化

如果一件設計有兩種以上的用途，那麼買到22 坪的房子也能加倍創造出 44 坪的效果，設計師堅持以「PLUS 加乘生活」概念，成功為屋主夫婦以 70 萬超低預算，完美實現夫妻倆剛成婚的淡水新宅夢。

設計▷安藤國際設計　攝影▷鄒昌銘

屋主預算調查

花在哪？

燈具工程 30,000元
窗簾工程 30,000元
木作工程 390,000元
油漆工程 120,000元
玻璃工程 60,000元
水電工程 70,000元

花多少？

70萬

以上報價會依物價波動而有改變，僅供參考。

花更少？

不過度裝飾，例如主臥室牆上只挑選兩盞不到3000元的熊頭設計壁燈，空間感立即變時尚。

值得花？

牆壁、天花採用竹炭健康漆，就像房子綠色的肺，能過濾空氣中有害物質。

設計師幫屋主的省荷包秘招
變出多種用途也是省錢

(1) 省荷包要釜底抽薪，運用另類思考，進行觀念上的荷包大作戰，例如多功能設計，包括混合性或複合式的空間及家具使用機能，一件家具有兩種用途，可省下不少費用。

(2) 使用綠建材可維護家人的健康，省下跑醫院的費用，也是一個省錢的另類思考。

(3) 空間強調減壓概念，在考慮美學比例之下適度留白，減少裝修，留下喘息呼吸的空間，既可為將來的生活留下可增添的位置，也可省下不少裝修費用。

設計師的解決之道
一步一景鏡面反射　體驗放大加乘生活

屋主曾經看過設計師的作品風格，十分喜歡他創造出木質溫潤人文的空間氛圍，但屋主的家僅有 22 坪，於是設計師建議屋主可以選擇更年輕清爽的調性，同時最好具備很多功能，於是提出了「一步一景」與「plus 加乘生活」的提案。目前僅小倆口居住的空間，不需要制式房間區分功能，拿掉不必要的書房實牆，取而代之的木格柵牆，讓空間感更加廣闊。

而所謂的「一步一景」則利用鏡面反射在開放空間的錯覺，每走一步都感受空間放大的趣味。舉例來說，設計師巧妙在兩扇窗戶之間的牆體，透過明鏡將窗外風景縫合起來。另外，連結通往廚房浴室的 L 形狹長走道，延續走到底端浴鏡，L 型牆變成黑白節奏的鏡子通道。甚至，電視牆上的加長明鏡，可隱藏電錶箱外，也讓客廳的寬度比例拉長，空間有加乘效果。

屋主的裝修心聲

「我們家雖然只有 22 坪大，還是希望坐在客廳時，家裡有超級寬敞的感覺。」

屋主的裝修心聲

「我們的預算不多，但還是希望裝修出健康與環保節能的房子。」

設計師的解決之道

省預算零負擔環保概念　擁抱健康生活

為了控制預算在 70 萬以內，也盡量減少繁複的木作系統，設計師認為：「不需要過度裝飾，有限預算下，可以挑選設計燈飾為空間加分。」像是主臥室挑選兩盞不到 3000 元的台灣黑熊設計燈飾，空間感立即變時尚。燈光不只能營造氣氛，燈光穿透也能串聯空間，像是客、餐廳的燈光設計採用雙排嵌燈串聯，不同的燈光迴路，依照天光變化依序從內側向外側向靠窗外側開啟，也具有節電效果。

設計師也發現，許多屋主裝修時很興奮的裝設鹵素燈照明，但為了省電都不敢長時間點亮，因此他將鹵素燈都換成低溫、壽命長的 LED 燈，使用效能更長。同時，佔室內最大面積的牆壁、天花採用竹炭健康漆，就像房子綠色的肺，能過濾空氣中有害物質。即使是小預算，只要掌握住經濟綠色重點，一樣能有健康優質生活。

屋主的裝修心聲

「買下這間小坪數的住家，為了節省空間，很多功能必須要能夠全家共用或是複合式的機能變化。」

設計師的解決之道

一樣設計兩種以上功能 享受 PLUS 加值生活

屋主的每個同事來家裡拜訪時，不約而同都稱讚屋主擁有一個「好像藝術家生活的居住場所」，不但有著黑鏡與白牆間對比的前衛華麗，也有木格柵與橡木家具透露出的溫馨質樸風格。設計師說：「每個人總希望一件事能有 2~3 種以上的好處，這種渴望促使「plus+」加值概念的誕生。」考量到夫妻必須共用書房，設定書桌是一個可活動變換的家具、書櫃的活動層板更可自由調整。設計師說：「家具設計上考慮整體性、多變化及功能型，可以隨使用者

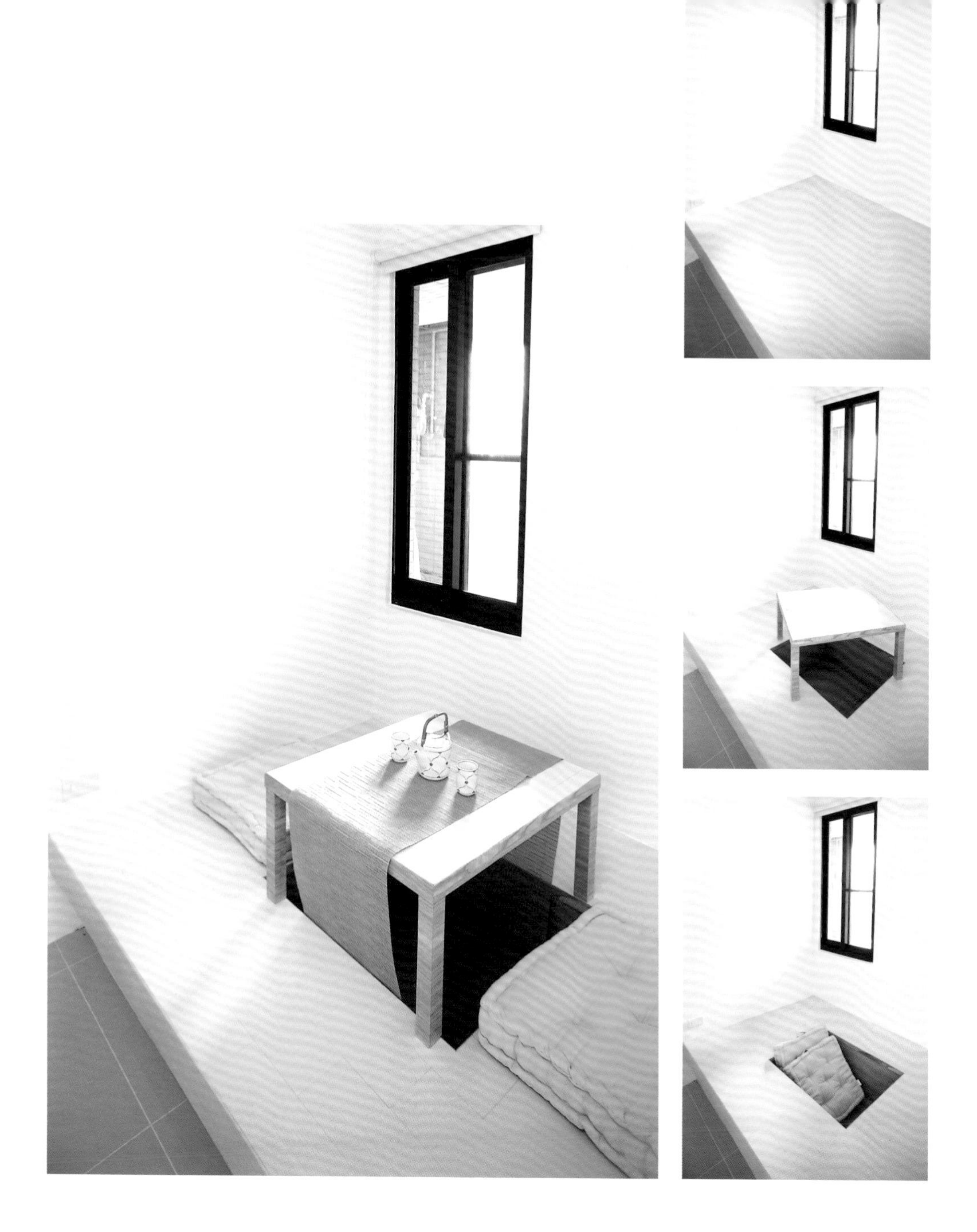

的機能調整，它既是夫妻倆一起工作的平檯，也可以是未來教導小孩功課的書桌，甚至是看顧小孩的寫字桌。」

這樣的概念延伸到預留的小孩房，讓小孩房能兼具和室、客房功能，和室地板中央切割成長方形比例的和室桌面，平時可以收在地板，轉個角度抬升利用長跨距 (左右各加 5cm 寬度) 直立在地板上，又化身和室桌，取代裝設電動升降耗費的預算，至少省下 1 萬～ 5 萬元。

70萬

28坪｜電梯大廈｜新成屋｜1人

少少錢也能打造屬於我的風格屋嗎？

家具與佈置玩出風味又省下 30 萬

原以為要花個 100 萬才能裝修新家，在設計師的規劃下，利用預售屋進行客變格局、配置多開關迴路、保留設備和地板材，先省下拆除、材料的費用，將重點預算放在訂製特殊的旋轉書桌、移動式餐桌、斜杉木牆以及色彩與家具搭配的關鍵設計，省下近乎 30 萬預算，同時也創造貼近屋主個性的冷酷理性風格。

設計▷【養樂多木艮】－mugen生活事務室內設計　攝影▷沈仲達

屋主預算調查

花在哪？

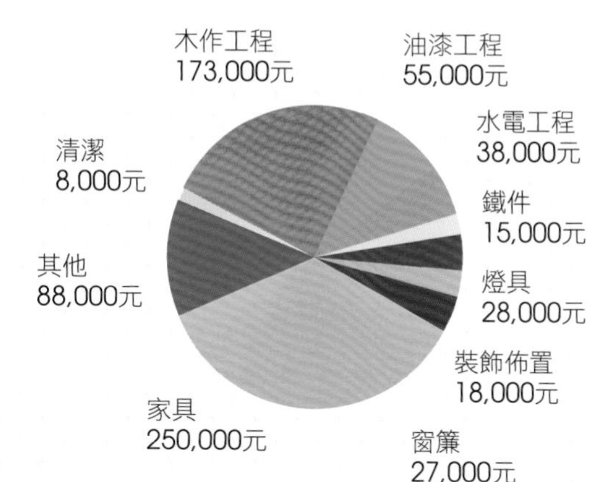

花多少？

70萬

花更少？

預售屋客變時除了隔間牆的移動之外，也要請建商一併處理開關、迴路增加、空調預設位置的管線問題，才不會二次敲打。

以上報價會依物價波動而有改變，僅供參考。

值得花？

預算項目中多了裝飾佈置，設計師認為室內設計是生活場景的設計，因此會協助所有家具採購和佈置，讓空間呼應屋主的背景才算是成功。

設計師幫屋主的省荷包秘招

把預算放在特殊訂製家具

(1) 這間屋子是從預售屋階段就進行規劃，因此保留許多建商既有的材料、結構，像是兩間浴室位置不動，地板、廚具、衛浴設備也予以保留，同時在格局調整上也能於客變時提出，省去二次拆除和移動管線的預算。

(2) 空間規劃上以簡約實用為主，針對屋主實際的需要去安排家具，所以不會有大量的木作櫃子，而是採取活動家具搭配重點式特殊訂製木工家具，像是旋轉事務桌、中島檯面，為屋主創造自我特色。

屋主的裝修心聲

「這是我第一次裝修房子，對預算沒概念，問過曾經裝修過的朋友，
最後抓大約100萬的費用，不過還是希望能更經濟實惠，還要有特色。」

設計師的解決之道

預售階段變更格局　引進開闊河畔窗景

屋子坐落在基隆河畔旁，這也是當初吸引屋主購屋的動機，然而如果照著建商配置的三房二廳，既無法發揮河畔美景的優點，室內空間也感覺很小，幸好他在預售屋階段就找了設計師，可以利用客變時先行變更格局，就能省下拆除費用。設計師以屋主一個人居住的生活行為和場景來思考，從事電子科技業的他需要書房，一個人的時候完全不下廚，因此，設計師將客廳旁的房間拆除，改成開放式書房，客廳、書房採一直線的家具配置，則有集中活動的效果，而原始獨立的廚房隔間也一併取消，規劃為開放式餐廚，使得公共空間變得更為寬敞明亮，視野可及的河畔景致就更遼闊了。

屋主的裝修心聲

「我家窗外的河景很棒，卻沒有走出去的陽台，讓我覺得好可惜啊！」

裝潢小提醒

傾斜的杉木壁板角度不宜過低，一來會影響人的使用，其次也會讓空間變得很有壓迫感。

設計師的解決之道

斜面杉木板牆面　有如置身歐洲小閣樓

屋主家的木作工程預算僅次於全室活動家具，除了天花板和訂製桌面、中島檯面之外，還有一部分是因為鄰窗壁面設計，變更格局後的房子，即便納入的河畔景觀變寬廣，但可惜的是人無法有走出室內往戶外的效果，於是設計師稍微提高了木作工程預算，將窗戶兩旁的牆面加厚，以向室內的傾斜造型設計，形成一道較深入的窗口，營造出站在窗戶前就像是走進窗口內，類似於站在陽台上眺望的效果，亦有如歐洲小閣樓結構的意象，自然地讓牆與窗形成空間的主題。

屋主的裝修心聲

「我雖然是一個人住，
但很希望邀朋友來家裡聚會，所以空間有可能彈性的擴充嗎？」

設計師的解決之道

訂製木作配五金 + 書桌會旋轉、吧檯變餐桌

既然是一個人獨享的空間， 使用行為就能夠是多元且彈性的，比如說開放式廚房的餐桌問題，雖然是不下廚的人，但三五好友也會來喝點酒聊天，因此餐桌無需像一般家庭的尺寸，可是也需要能適時地變大， 於是設計師利用軌道、滾輪五金，從中島檯面旁發展出一張看似只能兩人用的圓形吧檯，當解開滾輪，桌子便能向外延伸，可容納圍繞的人數瞬間變成四人。開放式書房的桌子也有類似機關，金屬立柱連結著書桌，透過軸心轉動就能讓桌子 180 度旋轉，屋主可隨著心情改變家具的配置方式，如邀約朋友辦 PARTY，書桌還能變身 BUFFET 功能，滿足從一人至數位好友聚集的變化性。

裝潢小提醒

為了不破壞新成屋地板，書桌軸心內電線是走往天花板，而軸心亦有分承重等級，可根據桌面大小、材質重量去做挑選。

屋主的裝修心聲

「從設計師的部落格開始認識他，覺得他設計的房子比較像家，能感覺到有居住者的靈魂、性格，這點是我比較想要的。」

設計師的解決之道

連坐下與躺下的感覺都替屋主設想

屋主從事電子工程行業，是一個理性冷靜的男生，從他選的電視櫃材質和結構來看，機械感和冷峻感極為強烈，也就讓設計師更加篤定要作出冷調理性和獨立感受的自我空間，比如說書桌有木質和金屬搭配，刻意凸顯材質的不同特性，對比效果亦有帶出鮮明個性的效果，另外像是和身體接觸到的家具面材，例如布沙發、布單椅都儘量選擇溫潤的材質，去調和冷調的空間。

家具和裝飾由專業設計師給予意見也是好的，像主臥室床架，特別選擇較低的高度，一來是有讓空間變寬敞、高挑的作用，其次是躺在床上時，直接望見河畔景觀，而這也是一般屋主買家具較無法掌控的細節。設計師規劃的屋子還有一個很大的特色，能串連起屋子和屋主之間的物件，好比屋主是學電子的，設計師利用電路板的造型裱成框，置放於玄關牆面，既與屋主背景吻合，又具有十足的視覺效果，更重要的是，無需多麼昂貴的預算。

80萬

15坪｜電梯大廈｜新成屋｜1人

想規劃開放式廚房但很花錢？

保留廚具只需拆一道牆

寬敞明亮的開放式廚房是很多人心中的夢想，但在有限的80萬內實在很難把廚房徹底換裝，因此設計師提出了保留原有廚具但只敲掉部分牆的方案，讓開放式的廚房為客廳引進幸福明亮的自然光。

設計暨圖片提供▷a space design

屋主預算調查

花多少？
80萬

花在哪？

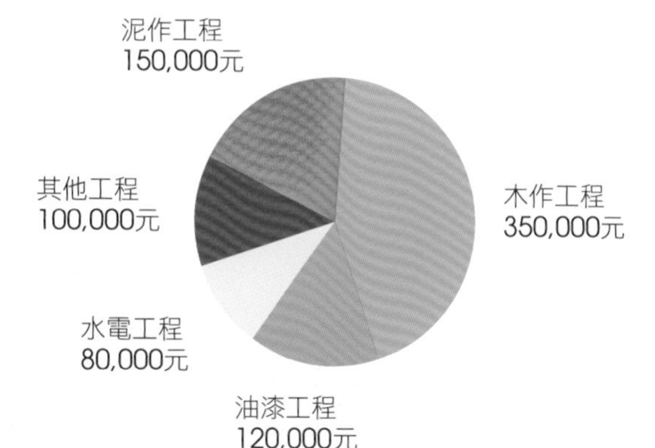

(不含空調、家具)

以上報價會依物價波動而有改變，僅供參考。

花更少？
家具只選擇最基本需要的沙發、茶几、床架、床頭邊几，加起來大約 10 萬左右，餐廳覺得暫時沒必要便先省略，外食機會還是多，目前茶几就夠用了。

值得花？
特別選用進口品牌超耐磨地板，比起一般等級的木地板，表面紋路更真實立體，更重要的是，由於原有磁磚地面至大門高度僅剩約 2 公分，與進口超耐磨地板厚度完全吻合，不會影響大門開闔。

設計師幫屋主的省荷包秘招

動隔間不動廚具降低裝修費用

(1) 屋主希望將封閉廚房改為開放式，我認為最佳方式是將廚具改成一字型面窗，空間格局會更好看，光線也不會有死角。不過，如此一來管線、廚具都必須更換，至少會增加 15 萬的預算，以設計師的角度來說，我們必須同時滿足預算和屋主，因此最後決定雖將廚房隔間拆除，但不動原廚具位置，達成開放式廚房卻不多花錢的方案。

(2) 一般來說，小坪數空間每坪約為 3 萬，但因為屋主家有更改格局，每坪至少要抓 4 ～ 5 萬，加上他對於地板材質、廚房、收納的重視，因此這幾個地方的費用會比較高，裝修預算主要還是依屋主的慾望需求而定， 好比屋主並未提出更改兩套衛浴的需求，因此拆除、泥作比例可以減少，另外他偏好自然簡單的空間，一些高單價的材料即可省略。

屋主的裝修心聲

「平常很少使用廚房，原來格局的廚房卻把客廳光線遮掉一大半，有沒有可能改裝成開放式的輕食廚房呢？」

設計師的解決之道

打開廚房隔間 公共廳區變明亮

從建商原有格局來看，僅留有一扇門進出的小廚房，阻擋光線進入客餐廳的機會，也讓客廳顯得較為狹隘，因此設計師選擇拆除廚房隔間，且為了節省預算，一方面留下建商附設廚具，其次，隔間的拆除也是一個重點，僅拆除現有短邊廚具檯面的牆面，保留沙發側牆以便擺放冰箱，電視側牆也同樣保留，避免大門見灶，而拆除後的牆面再結合人造石材，搭配原有白色廚具，呈現日式簡約質感，包括吊櫃下壁面以偏藍色調烤漆玻璃材質，一來呼應餐廳的藍色壁面，也提升廚房質感。

屋主的裝修心聲

「機能的好用與否對生活是很重要的，就像本來電視牆只有很簡單的一個檯面，於是我又跟設計師討論希望增加抽屜收納，空間才不會太凌亂。」

設計師的解決之道

拿捏比例分割 展示收納櫃也能變高級

屋主有收藏汽車模型、公仔的嗜好，15 坪的小空間如何安排展示櫃，更必須慎重思考櫃子的比例尺度，設計師選擇大門進入後的廊道壁面，同時也是臥室往廳區的端景牆，採用各式矩形、長方比例的線條，打造有如名品家具書櫃的效果，而每一個比例分割各有設定，迷你矩形可放袖珍書、CD，較大長方盒子則巧妙成為展示心愛籃球鞋的用途。

屋主的裝修心聲

一開始設計師提議將一間臥室隔間拆掉，讓公共空間變大，光線也變得更好，但我考量以後如果成家，勢必得維持二房格局才好用。」

設計師的解決之道

書房隔間結合清玻璃　彈性變身小孩房

考量屋主未來成家的計畫，以及百萬預算內裝修的需求，客廳旁的臥室並未全然拆除，而是採取局部規劃長方玻璃的做法，維持一間獨立的空間，但對於小坪數而言，又能達到視覺穿透延伸，讓空間看起來寬敞舒適。此外，針對這間獨立的格局，除了運用木造檯面打造書桌，其他並未施作任何多餘木作櫃子，用意在於提高空間的彈性變更，未來既可增設單人床變成小孩房，抑或是增加活動矮櫃家具，變成書房機能。

屋主的裝修心聲

「房子坪數沒有很大，希望能在80萬以內做好，而且又是新成屋，也不想再多花錢改格局，甚至連浴室我都要求設計師不用動。」

設計師的解決之道

灰牆＋壁貼 平價快速打造個人風格

想省裝修預算，彩色牆面絕對比白牆更好，不過顏色的挑選也有訣竅，比如說某些需電腦調色的鮮艷色階，比起現有油漆色調會貴一些，另外如果顏色用得多，自然也會增加費用，建議在經常活動的公共廳區可作跳色，至於臥室則可延用廳區使用過的顏色。以屋主家來說，沙發背牆選用中性淺灰色刷飾，主臥室亦是淺灰色，減少油漆費用的支出，也使得空間有整體性，如希望多些特色，可再搭配高靈活性壁貼，如屋主擇夢想旅遊地點的法國巴黎鐵塔圖騰，讓空間更具個人生活意義。

設計師的解決之道

重點燈具 + 百葉窗簾 有層次才有氛圍

仔細觀察小空間的人造光源並不多，減少燈具的使用不僅省預算、環保節能，尤其是降低間接照明的設計，自然也省下天花板的費用，因此，客餐廳區域主要以六顆軌道燈、嵌燈以及立燈為主，軌道燈可選擇光線落下的角度，提供展示櫃、地面、天花板的光線需求，立燈則提供沙發閱讀使用，而唯一的間接照明運用於走道，主要作為修飾大樑結構。

採光良好的小房子，公領域空間特別選用百葉簾，除了能調節光線的明暗之外，每樘價格約 3000 ～ 5000 元也十分平價，同時透過百葉角度的改變、光線的明暗變化，倒映於木地板、廚具檯面上的光影線條，自然形成獨特的裝飾，令人倍感愜意放鬆，而面對僅有休憩功能的主臥室，再利用紗、布料的雙層結構，達到完全遮光的效果。

屋主的裝修心聲

「我個人偏好比較簡單乾淨的設計，不喜歡有太多無謂的裝飾。」

80萬

25坪｜電梯大廈｜中古屋｜夫妻

我沒有太多預算改造整間屋子怎麼辦？｜先重點改造親友共聚的客餐廳

多次至美國旅遊的屋主深深地愛上鄉村風格，但是礙於預算有限，無法將房子徹底翻修，設計師以局部改造方式，舊櫃子換上實木門片，天花板以簡單實木樑作裝飾，並將預算主要用於開放餐廚、窗邊架高臥榻規劃，讓家洋溢著濃濃的鄉村氛圍。

設計暨圖片提供▷原木工坊

屋主預算調查

花在哪？

泥作工程 250,000元
水電工程 150,000元
實木大門工程 19,000元
架高臥榻工程 90,000元
廚具工程 110,000元
後陽台外推工程 90,000元
客房門片工程 15,000元
更衣室門片工程 15,000元

以上報價會依物價波動而有改變，僅供參考。

花多少？

80萬

花更少？

舊櫃子結構若還不錯，可以只換門片，實木門片加上鉚釘點綴，立刻就有煥然一新的效果。

值得花？

選擇訂製實木家具和廚具，好處是無需噴漆、貼皮全程皆在工廠施作，最後僅需固定安裝，也可依照喜好染製不同色，家具、櫥櫃亦可結合多元收納機能，反而提高空間的利用性。

設計師幫屋主的省荷包秘招

把最多預算放在焦點立面

(1) 公共空間選擇換上超耐磨地板，不但價格合理又耐用，踩踏觸感又有凹凸木紋質地，很符合屋主喜愛的鄉村風格。

(2) 舊櫃子本身櫃體結構還算良好，但風格並不合乎鄉村調性，只需要換成實木門片質感就能提升很多。

(3) 九成左右預算用於松木實木訂製廚具、外推書房、更衣室門片等，並搭配文化石和彩色磁磚多元材料，讓鄉村風擁有多層次的視覺效果。

屋主的裝修心聲

「我很好客也喜歡做菜，親朋好友經常來吃飯聊天，可是一字型廚房太小，也和餐廳有區隔，讓我沒辦法一邊煮飯一邊和親友互動。」

設計師的解決之道

L 型開放餐廚適合親友同歡

屋主家的廚房原本是一字型廚具，對於喜愛作菜的她來説並不好用，另一方面，廚房位置剛好緊鄰後陽台，後陽台又面對著山景，因此設計師將後陽台 2/3 予以外推，原冰箱也移至陽台位置，採取 L 型開放廚房與餐廳連結， 往後屋主即便做菜也能和客餐廳的親友們話家常，而大家一同用餐時亦能有綠意相伴。除此，開放式廚房是根據屋主下廚的習慣動線順序安排機能，像是在側邊檯面下即具備可拉式金屬抽屜，提供放置烤箱、電鍋等電器設備，冰箱旁也

裝潢小提醒

松木廚具經過防潮防腐處理，檯面刻意搭黃綠色磁磚，利用活潑色彩調和沉重的實木廚具，同時磁磚更具有耐熱效果，可直接放置熱鍋。

隱藏抽拉高櫃，收納各式乾貨與調味品，屋主開心地說改造後的廚房不僅僅增加許多收納機能，以松木為材質的實木廚具搭配設計師於餐廳天花規劃的木樑，更充分達成她喜愛鄉村居家的夢想。

除此之外，因為原始格局的餐廳旁是一間臥室，這次翻修將臥室一分為二變成兩個房間，考量餐廳隨即緊鄰著兩道門片，於是設計師利用松木實木與噴砂玻璃材質，以延伸花瓣的特殊造型設計，創造出有如藝術端景效果的拉門修飾，巧妙地隱藏兩個臥房入口，一點也不覺得突兀。

屋主的裝修心聲

「我喜歡豐富一點的空間，也希望能有自然花草、蝴蝶圖騰，但原始客廳電視牆貼覆著老舊的壁紙，顯得很老氣。」

設計師的解決之道

自然圖騰拼貼 mix 文化石混搭創意電視牆

擅長將實木融合多元素材創造另一番獨特味道的設計師，以原木裁切出蝴蝶、花草造型，再予以刷漆貼飾於壁面打造有如浮雕般的立體效果，搭配曲線拼貼而成的文化石，讓原木家具為主的空間增添活潑生動的氣氛。不僅如此，玄關入口左側的櫃子也頗具巧思，其實這是舊櫃子，設計師認為櫃子結構還算不錯，只是老舊貼皮手法和風格不搭，於是她重新利用實木門片取代貼皮門片，加上鉚釘點綴，立刻就有煥然一新的效果。

裝潢小提醒

浮雕必須先以 1：1 尺寸繪製草圖在實木板上，並且決定位置才能讓牆面與浮雕比例是和諧的。

屋主的裝修心聲

「以前客廳陽台外推後只有些微架高，每次在這使用電腦都必須盤腿而坐，不是很舒適。」

設計師的解決之道

架高臥榻設計 變出上網、閱讀、大沙發功能

屋主的客廳原始早已外推，但並未做任何特別的規劃，設計師將此區採架高方式處理，寬闊的坐檯可以是休憩、閱讀，或是當作客廳沙發延伸增加的座位區，坐檯下又具備豐富的掀蓋式收納機能，最令人感到貼心的是，架高臥榻刻意保留些微距離不做滿，倚牆面結合訂製的松木書櫃兼書桌，屋主就能輕鬆舒適地將雙腳放置於桌面下，可以舒服的使用電腦或是處理公事。

屋主的裝修心聲

「如果客餐廳是強烈的鄉村風，那是不是連客浴也要承續一貫的風格才完整呢？」

設計師的解決之道

換上復古磚與實木浴櫃 打造鄉村風衛浴

緊鄰餐廳的浴室門片除了利用實木與玻璃搭配，呈現如端景造型牆的視覺效果之外，浴室內部也經過重新翻修，選用復古磁磚、腰帶貼飾地壁面，加上赤松木訂製的洗手檯面與浴櫃，以及實木天花板設計，讓浴室脫胎換骨呼應著公共空間的鄉村氛圍。

80萬

13坪｜電梯大廈｜中古屋｜1人

雜物與生活用品不用收也漂亮？

神奇凹槽板讓雜物變裝飾

這套房曾為事務所辦公室，面對面地擠入四人座位的小空間顯得很單調。透過設計師的創意，不到 80 萬元的預算就徹底將之改造成單身女子的溫馨住家。寬敞客廳能自由擺入心愛的家具，窗邊既是閱讀空間也是招待好友的舞台；日常生活機能一應俱全，還有個收納力超強的五門大衣櫃呢！

設計暨圖片提供▷集集設計

屋主預算調查

花在哪？

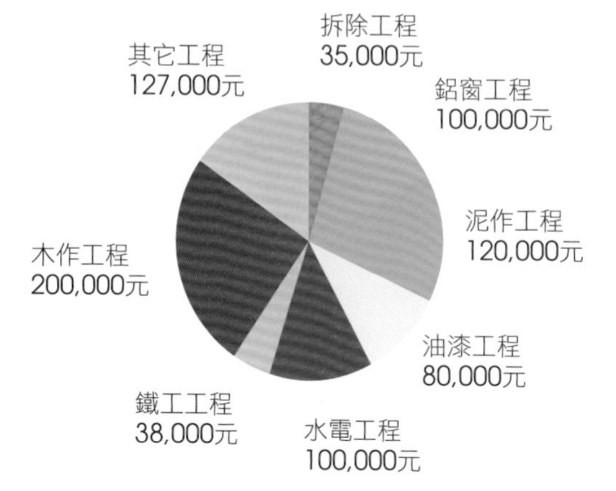

以上報價會依物價波動而有改變，僅供參考。

花多少？

80萬

花更少？

此套房不做天花。僅在衣櫥與外拓陽台的收樑處為裝設間接照明而做出層板，其餘全露出原始天花；省木作經費的同時也爭取了高度。此外，選用價格親民的 PVC 地板，逼真木紋能營造出屋主想擁有的溫馨感，薄的建材也不會佔去樓高。

值得花？

沙發、矮几等活動家具，可隨時變動的配置手法讓空間更為靈活！未來要遷居時可輕鬆帶走，故可放心選購品質較佳者，平時使用也更開心。

設計師幫屋主的省荷包秘招

選國民建材當替代方案

(1) 直接露出原始天花，既節省木作天花的工錢，還可保留立面高度。

(2) 以凹槽板取代固定櫃架，省下工程費的同時也兼顧了機能與美感。

(3) 鋪設 PVC 地板的建材單價與施工費都遠低於鋪地磚或木地板的價位。

(4) 牆面捨棄貼壁紙或磁磚的方式，只透過油漆的配色就能成功營造出空間感與風格。

屋主的裝修心聲

「平日工作壓力大，希望能在都市叢林裡擁有一個獨屬的溫馨角落，讓自己回家後快速回復好心情。」

設計師的解決之道

善用色彩心理學　小空間也能展現愜意樣貌

這間套房雖已局部外推並採取開放式設計，整體仍感覺不夠寬敞；因此，全室採用淡雅配色以釋放窄迫感。留白的牆與天花搭配復古白的落地櫃、嫩綠的凹槽板牆，柔和淺色讓塊面彼此能順暢銜接，同時往上、往四周延伸了空間感。原木家具與地板皆為暗木色調，沉穩配色安撫了心緒，也讓地面看來較實際更低。狹窄廚房的長牆刷上讓人愉快的中性藍。較深濃的冷色讓牆面看來略往後退、進而放大空間感；類似手法也應用在衛浴間的小馬賽克牆。

裝潢小提醒

油漆是 CP 值最高的壁材！此戶的漆色選用粉綠、復古白等令人倍感溫馨的柔和淺色，比一般的白漆更顯優雅、不死板，也能輕鬆烘托各種風格的家具與家飾。

設計師的解決之道

儘量減少木作　活動家具讓空間與預算更自由

這間套房的空間小、裝修預算低，屋主打算以後要換住更大的房子，沒關係，換個思維仍可成功打造出實用的夢幻居家！此戶大幅降低木作的比例，只打造落地櫃與窗邊櫃椅；至於居家裝修常見的電視主牆或廚房吊櫃等硬體，則用活動家具來取代。例如搬家時也能帶走的古董櫃，本身能展現屋主品味，也能滿足展示與收納的需求。隨時可來點變化的家具組合，讓迷你小宅充滿了居住樂趣。

屋主的裝修心聲

「預算少、空間小，即使如此，我仍想擁有一個舒適又美麗的居家。」

裝潢小提醒

角落化的配置手法能讓動線更為遊刃有餘。將大衣櫃等固定木作、量體較大的餐桌椅配置在邊緣地帶。當中的空間留得越完整，小住宅就越不顯擁擠。

屋主的裝修心聲

「女生的衣物較多，需要有足夠的收納空間，又不希望自己的小窩看來凌亂。」

裝潢小提醒

凹槽板是一種特製密集板，目前已發展出掛勾、掛架等配件。此戶在客廳與廚房大量運用這項建材，將收納牆面化，不佔掉寶貴坪數。屋主可自由地在牆面吊掛衣服、包包，掛畫或吊掛煎鍋與馬克杯，還可加掛層板來擺放書籍。

設計師的解決之道

創意運用凹槽板 打造兼顧收納與展示的多功能牆面

小空間更要注重收納機能！然而，木作櫃會增加預算，櫃體會佔掉坪數並讓空間顯得侷促。此戶運用凹槽板來打造牆面，將常用的小物收納在牆面，板材的水平凹槽線條還能營造出法式鄉村風木板牆般的美感呢！狹長的小廚房也用凹槽板的掛勾或層板來取代制式的廚櫃，避免了吊櫃撞到頭的尷尬。至於日常與換季的衣物、以及少用的雜物都可收入落地衣櫃或臨窗的櫃椅，聰明收納讓小空間可輕鬆展現整潔樣貌。

設計師的解決之道

充份運用空間　小廚房滿足多種生活機能

這間小廚房在流理台鑲嵌單口電爐，就能因應屋主平日的輕食烹調所需。小冰箱藏在量身訂作的檯面下方，完全不佔掉有限的迴旋空間。仿造歐美廚房附設洗衣機的手法，檯面下方還設置了滾筒式洗衣機。當初在外推室內空間時，在廚房外側後方保留了一方小陽台。為保留足夠的曬衣空間，設計師將電熱水器移至廚房上方、倒吊在橫樑旁的天花，就近供應廚房與浴室的熱水。充份利用每吋空間的創意規劃，在小套房打造出便利的生活機能。

屋主的裝修心聲

「偶爾會想在家裡開伙，並有個能晾曬衣物的陽台，洗衣機別放在浴室。」

裝潢小提醒

由於牆面不怕有油煙污染，故直接刷漆；這裡選用冷色調的藍來讓牆面產生後退感，活潑配色也化解掉狹窄格局空間深度不夠的問題。

83萬

17坪｜電梯大廈｜新成屋｜夫妻

擔心鄰棟過高讓家裡採光不足？

玻璃天井造出自然光

當初屋主向設計師提出希望在100萬之內完成裝修的心願，擅長小坪數規劃的設計師，將重點放在隔間牆拆除以及窗景引光二大關鍵點，結合玻璃、不鏽鋼、明鏡等便宜素材，運用線條燈光效果，竟然讓屋主最後以83萬就能享受開闊又明亮的生活品質。

設計暨圖片提供▷絕享設計

屋主預算調查

花在哪？

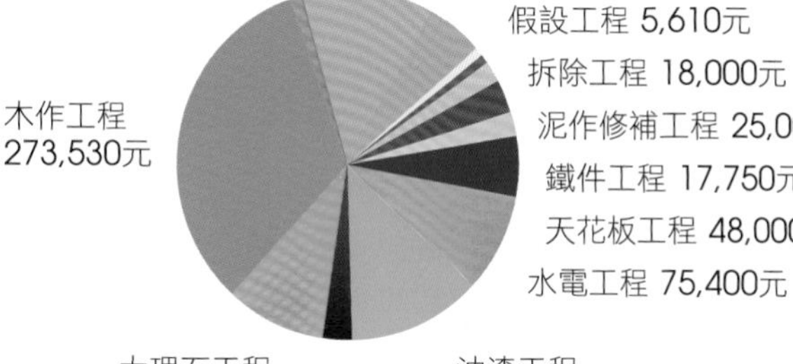

以上報價會依物價波動而有改變，僅供參考。

花多少？

83萬

花更少？

針對老房子翻修，通常浴室是一定得重新改造，包括設備、磁磚的淘汰以及防水泥作工程，基本花費至少就要 10 萬，其他僅次於基礎工程的部分，建議可先完成天板、地板項目，並將重點放在收納空間的規劃。

值得花？

客廳電視牆的背面是為臥室電視牆，藏了許多機關，推拉鏡子、擺放保養品、衣物配件的收納櫃，也是個小巧精緻的梳妝檯。

設計師幫屋主的省荷包秘招

重點部位以大理石提昇質感

(1) 兩房格局的房子即便坪數本來就不大，但是因為厚重隔間牆的壓迫之下，讓空間變得很狹窄，所以最首要的就是將隔間拆除，透過穿透、移動式門片打開延伸開闊的空間感。

(2) 預算有限的情況下，利用玻璃、鏡面、美耐板這類單價不高的材料，結合燈光設計或是線條、造型變化，另外於立面、檯面點綴大理石材質，就能為白色空間創造超凡質感。

屋主的裝修心聲

「房子的坪數不大且感覺很陰暗，擔心採光不足住起來影響心情。」

設計師的解決之道

玻璃天窗造光帶入自然氛圍

這間房子位於高樓，不過由於鄰棟距離過近，擋掉了許多光線，讓窗景無法發揮效用，此外，客廳窗戶上方竟然橫亙著一根大樑， 當然最簡單的方式是用天花板包覆大樑，但是這樣會讓空間有壓迫感，對此，設計師巧妙利用樑與窗之間的落差以玻璃藏日光燈手法，創造有如天窗的效果，而自玻璃透出的光線也成功大幅增加明亮度。窗檯下則運用南方松壁面搭配銀狐大理石坐檯，搭配白色卵石點綴，營造出戶外獨有的自然休閒感，不僅如此，坐檯下也隱藏多元的收納機能。

屋主的裝修心聲

「我喜歡白淨優雅的感覺，但是另一半又偏好較為活潑的設計。」

設計師的解決之道

斜面櫥櫃 + 圓形圖案鞋櫃

小小的玄關讓入口處顯得好狹窄，但是實際生活卻又少不了鞋櫃機能，公共空間也必須預先規劃充足的收納，那麼，出入動線的問題該如何解決？設計師自有獨門解決之道，鞋櫃量體利用波浪狀線條造型打造，相較於走水平的櫃子而言，深淺變化的方式反而能拉寬入口，加上懸浮櫃子底下佐以間接燈光，美耐板鞋櫃也以圓弧造型作不規則排列律動，都有讓櫃子變輕盈的效果。

屋主的裝修心聲

「雖然是小坪數空間，但仍希望可以改善空間狹窄的狀況。」

設計師的解決之道

半穿透隔間 視野延伸超開闊

小房子最主要的格局問題是，每個空間都被隔間牆阻擋，特別是客廳和主臥室之間的隔間牆面積大更顯厚重，自然會感到狹隘、很有壓迫感，因此，設計師拆除這道牆體，改為利用白色優雅的銀狐大理石電視櫃，櫃子上端結合茶色玻璃，增加視覺的穿透效果，甚至於電視櫃左側的展示櫃，也刻意採用清玻璃材質和主臥室互為連結，不論坐在哪個角度，皆能給予延伸放大作用，層架側面更以鏡面不鏽鋼貼飾，具反射、亮面質感營造輕盈的空氣感。

設計師的解決之道

移動櫃取代門與隔間 開放餐廚大機能

原始廚房同樣面臨牆體、門片的阻隔，促成小坪數開闊舒適又享有高機能的關鍵點，在於設計師運用特別的拉門界定餐廚，可左右移動的灰色拉門讓餐廚能隨著需求整合在一塊，待在廚房作菜的女主人也不會感到擁擠。

灰色拉門內還兼具滿滿的收納機能，延續鞋櫃的圓圈造型部分則可作為展示平檯，小空間的神奇收納還不僅於此，自廚房旁延伸的玻璃紅酒櫃下，隱藏了另一個儲物空間，擔任餐桌角色、有如飛鏢般的吧檯，除了抽屜之外，亦具備電器櫃置放機能，另外，飛鏢吧檯特殊的線條其實是預留 90 ～ 100 公分寬的走道動線而來，以便行走於小空間是寬敞舒適的，一方面餐廳後方的浴室門片也改為茶色玻璃，旁邊牆面貼飾大面鏡子，藉由反射產生放大感。

屋主的裝修心聲

「我們的生活物品不少，而且持續增加中，很擔心沒有充足的收納機能。」

87萬

18坪 | 電梯大廈 | 新成屋 | 1人

不大動格局就真的無法獲得寬敞感嗎？

只拆一牆，空間就變大

小空間預算有限時，透過延伸、對比、簡化的手法，也能產生令人驚艷的放大效果，清設計將吧檯視為裝置藝術，鐵件背後隱藏了用餐、收納機能，搭配斜切式的微調格局，18 坪卻創造出有如 25 坪的空間感。

設計暨圖片提供▷清設計

屋主預算調查

花在哪？

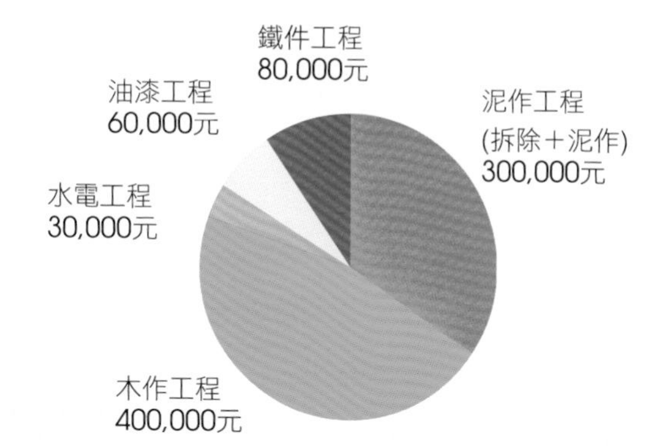

花多少？

87萬

花更少？

因為設計得宜讓每分錢都花在刀口上，尤其收納規劃完善，不用再花錢去買多餘的收納櫃。

以上報價會依物價波動而有改變，僅供參考。

值得花？

由鐵件訂製的造型吧檯是最值得花費的地方，不僅為空間加分、破除廚房空間窄小的困境，還兼具收納功能。

設計師幫屋主的省荷包秘招

有捨有得 回歸簡單生活

(1) 透過設計將空間化繁為簡，捨棄多餘的裝飾、回歸滿足需要的層面，就能降低裝修預算。

(2) 透過隔間牆的拆除將空間開放，搭配複合使用功能，讓空間不只有一種功能，不但能擴大空間感還可以減少裝修工程。

(3) 裝修前與屋主進行詳細溝通，設計空間必須先幫助屋主理出一個關於生活本質的方向，有捨有得，讓屋主先懂得捨離多餘的欲望，也才能有所得。

設計師的解決之道

拆除封閉書房的牆 提升明亮與寬敞度

以這間房子 15 坪的空間來說，最適切的比例是採取可彈性開放、獨立的大主臥室概念，設計師分析說道。但是由於屋主提出保有書房需求以及盡可能地保留原隔間的情況之下，更要絞盡腦汁規劃最具效益的空間格局。

從玄關走入屋內，公共空間呈現長型結構，主要採光來自客廳，導致餐廚區域略為陰暗，而客廳的深度也窄了些，大約是 290 公分左右 (一般多為 370 公分)，因此設計師選擇拆除書房面走道的隔間牆，用開放創造寬敞開闊的視覺效果，同時也可藉由書房對外窗的採光，提高餐廚地方的明亮感。其次，設計師更刻意拉出一道非水平的斜切線條，作為書房的架高地板，客廳主牆面壁紙也轉折延伸至書房牆面。自然地讓視線拉往書房內，即有放寬客廳深度的效果。

屋主的裝修心聲

「一進門就覺得客廳空間感覺很窄，加上希望規劃一間書房，讓客廳好有壓迫感。」

屋主的裝修心聲

「家的坪數不大，
正式的餐桌和餐椅可以
省略，但偶爾朋友來家
裡吃個東西聊天又好像
不方便？」

設計師的解決之道

不規則鐵件吧檯　猜不透的空間趣味

屋主並不需要制式的餐桌椅家具，然而一方面又經常邀約朋友聚會小酌，但實際空間如採取靠牆面的一字型吧檯方式，廚房、吧檯之間的距離又過於狹窄，再者，受限於格局無法大幅變動，於是設計師聯想到利用吧檯角色，為簡單平淡的空間製造一點趣味。

以黑鐵材質打造而成的不規則吧檯，特意作出輕薄的效果，搭配轉折收角的不規則造型，讓人一進門立刻被吸引。無法一眼看穿真正的功能，也彷彿是件裝置雕塑品，其實每一個轉折區段皆符合舒適的人體工學，也讓走道能維持寬敞舒適，同時靠近冰箱處的黑鐵吧檯下更兼具收納電器機能，而原始餐廳對浴室門的尷尬動線，設計師則運用暗門修飾手法，巧妙將門片隱藏起來，淡化令人感到不舒適的心理感受。

屋主的裝修心聲

「雖然是兩房兩廳，但總是給人很狹隘的空間感，又不想大動格局，該怎麼辦？」

設計師的解決之道

簡化、延伸、對比小房子的放大關鍵

當然，小空間最主要的精神主軸仍脫離不了「放大感」，首先是顏色搭配，玄關進門延伸至餐廳壁面，皆刻意刷飾黑色漆，加上黑鏡、鐵件吧檯，讓人走進屋內產生向後退的視覺效果，就能擴張空間感。除此之外，連續性材質也有放大效果，電視主牆面中段部分貼飾的黑色壁紙，經過連續轉折至書房牆面；架高木板構成的影音櫃延伸為書房木地板。

另外，針對餐廳大樑，運用斜面造型天花板修飾，淡化垂直、水平結構，亦有拉高空間的作用。而主臥室以架高地板直接擺放床鋪，降低水平高度爭取寬敞舒適感，藉由專業的格局修正，小房子的單身屋主擁有意想不到的舒適生活品質，也由於和設計師彼此良好的互動、溝通過程，使得裝修結束後開始了一段新友誼。

90萬

25坪｜電梯大廈｜新成屋｜夫妻

書房究竟該獨立或開放好呢？

開放式書房讓客廳變好大也更有一致性

很多屋主都會苦惱究竟應該擁有一間書房兼客房好呢？還是讓書房融合在開放的空間之中，此戶屋主在掙扎之後選擇了後者，沒想到就此讓空間感徹底變得開闊，夫妻倆也更有甜蜜的互動了。

設計▷【養樂多木艮】－mugen生活事務室內設計
攝影▷劉煜仕

屋主預算調查

花多少？
90萬

花在哪？

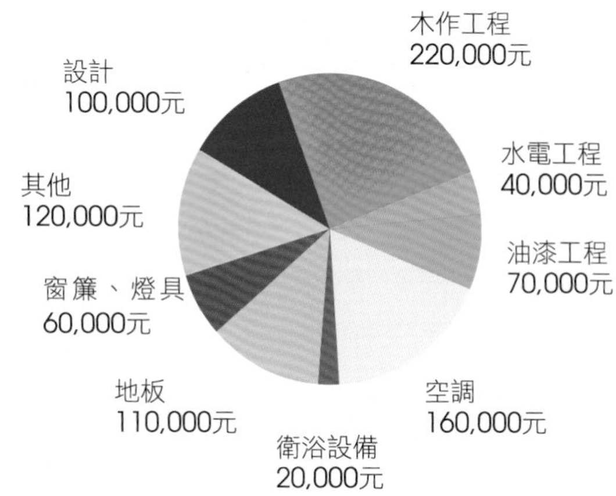

以上報價會依物價波動而有改變，僅供參考。

花更少？
設計師選擇把衣櫃拆成兩個部份，櫃體桶身利用現場木工方式打造，提高耐用程度，再搭配 IKEA 多樣化的門片，即可達到省錢實用的效果。

值得花？
雖然屋主曾為了書房要不要開放掙扎許久，深怕長輩無法接受，結果聽說長輩看見現況滿意極了，甚至還很驚訝房間能變成大書房，讓整個廳區好開闊。

設計師幫屋主的省荷包秘招

運用活動家具與色彩營造氣氛

(1) 預售屋進行客變的優點是在房子落成前能做裝修設計規劃，盡量保留建商的原始設計材料或把不需要的牆面、地板等設施事先移除，節省建置和後續裝潢成本。

(2) 避免裝飾性的壁板裝潢，以日常生活家飾取代。另外，多使用活動家具以及製作可以活動的家具，減少裝潢性的家具製作方式。

(3) 「色彩」是裝潢成本不高但是效果很顯著的利器，可以利用較鮮艷或舒適的配色來增加住宅的舒適度。

設計師的解決之道

開放事務桌串連生活運作

身為 6 年級生的屋主，心態卻相對的傳統許多，當初他希望書房能採活動隔間，無非是想為長輩留一間臥室，但是設計師提醒他，一年 365 天爸媽來訪的次數有多少？而真正使用者的需求又是什麼？因此建議他們採全開放式型態，利用幾個板材組合成的大公共事務桌為中心，當屋主在此上網、看書，同樣能掌控其他空間的活動，而且如此一來，原有房子擁有的好窗景絲毫不被浪費，獲得的光線也變多了。

此外，考量屋主的預算有限，設計師採用活動家具取代傳統木作，結合適合屋主個性的安穩大地色系，不同家具顏色、款式成了最佳配角，讓空間變得更有層次、豐富，尤其設計師還特別提醒屋主別買太大的電視，「電視只是生活的一小部分，沙發也並非為了電視而擺設，才能更自主的享受生活空間。」

屋主的裝修心聲

「當初希望緊鄰客廳的房間能變成任意打開或獨立的客房，偏偏曾在美國唸書的太太喜歡開闊空間感，讓我很掙扎該如何決定好？」

屋主的裝修心聲

「雖然我們以外食為主，不過
週末假日經常約朋友、家人來聚會
吃飯，所以我還是希望有餐桌。」

設計師的解決之道

穿透隔間牆變櫃子　自在舒適互動

原本一開始設計師傾向將廚房與餐廳之間的隔間牆拆除，利用工作餐桌的形式連結廚房，沒想到屋主卻希望能有正式餐桌，為了取得空間感和功能的平衡，最後還是拆除部分牆面，讓隔間牆開了道互動窗口，不但有延伸、擴大空間的效果，也是置放杯盤的實用櫃子。「很多朋友當初聽到我家有餐桌都覺得很不可思議，還笑我很老派。」屋主笑著說，結果實際到訪後紛紛稱讚餐廳設計得很棒，視野遼闊寬廣，而且坐在餐廳也能看電視。

屋主的裝修心聲

「我和太太準備裝修時看了很多雜誌，
覺得那種收得太乾淨、看起來空蕩蕩的房子，
反而不像真正的住家。」

設計師的解決之道

把屋主收藏、飾品變成一幅紀念品

設計師作品一向給人用色大膽、風格與眾不同的印象，而這也是屋主決定將人生中第一個家交給設計師的原因，特別是他很重視空間要有想像、情緒，同時也非常強調「生活感」的居家風格，他極力讓空間置入「手作感」，所以經常舉辦「興家繪圖」活動 ，「與其外面買的都一樣，倒不如讓屋主自己畫出來才更有意義，」設計師說。不僅如此，設計師也向屋主拿了不少屬於他們倆的生活物品，像手錶、首飾、甚至還有先生寫給太太的情書！為他們重新拼湊成一幅獨創的紀念相框，這點讓屋主感動又驚喜，用自己的回憶佈置更有感觸。

屋主的裝修心聲

「擔心我們的裝修預算不高，必須遷就價位低又不耐用的材質、家具，但一方面心裡又期待即使是低價位材料也要用得很有質感。」

設計師的解決之道

多變的窗簾型式 增添空間隨性風情

空間還有一個很大的特色，就是每扇窗景感覺特別美，「大多數窗景都被規劃為窗檯，或者是窗簾遮擋起來，其實窗景往往是讓人最有遐想與想像的氛圍。」設計師說道，因此，他選擇去 IKEA 挑布，然後為窗簾設計多樣形式、綁法，像屋主書房區的窗簾就有不同高度釦子，讓屋主依照喜歡的日光角度、景致隨意改變簾幔造型，而這面大窗在窗簾的比例分割、光影折射下，也成了最浪漫的空間背景。

90萬

33坪｜電梯大廈｜新成屋｜夫妻、小孩

木作工程總是要佔去一半預算嗎？

系統家具結合重點木工省很多

一般而言，新成屋的木作工程都會佔到總預算的一半，但這對於本身預算就不多的屋主來說，是頗高的負擔，因此設計師提出了重點區域用木工、一般區域用系統櫃的作法，讓屋主省下荷包支出，又保有空間的質感與品味。

設計▷采和室內裝修
攝影▷鄒昌銘

屋主預算調查

花在哪？

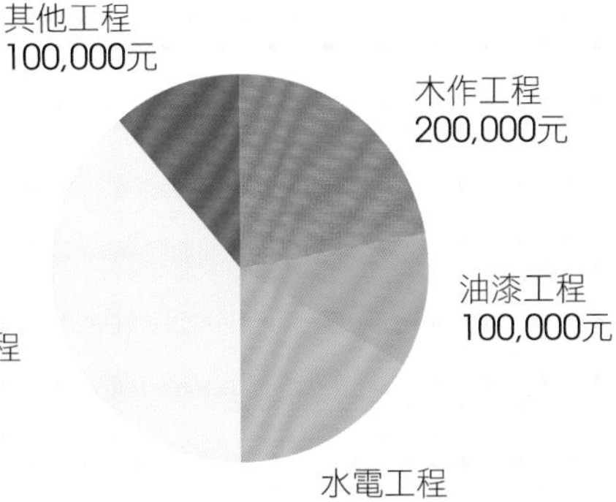

（不含空調設備）

以上報價會依物價波動而有改變，僅供參考。

花多少？

90萬

花更少？

透過不同的工程技術搭配，盡量減少拆除、泥作及木工的工程施作，是控制預算的關鍵，例如木作搭配系統櫃使用，可以大幅降低預算，也在工期時間控制發揮功效。

值得花？

書房因為需要較長的工作檯面，一般系統櫃無法達到需求，便利用木作訂製大玩書架造型趣味設計。

設計師幫屋主的省荷包秘招

壁紙與系統櫃可減少木作工程費用

(1) 貼壁紙裝飾主題牆：壁紙是最省錢又能快速營造風格的平價建材，為了讓每個房間都有主題，可局部在床頭主牆面貼壁紙，營造活潑的風格。以 3 坪臥室計算，整面主牆只需花到 3000~5000 元即可完成，日後只要將床移位就能快速換壁紙，若貼整間牆面，更換壁紙反而不好處理。

(2) 系統櫃取代木作省 2 成：木作集中於天花、主牆，收納、置物櫃則以系統櫃處理，透過精準的預量尺寸規格，讓櫥櫃貼合現場，空間施工迅速，且可省下木作、噴漆的花費，比木作節省約 2 成預算。且系統櫃的可變性強，規格化的排孔預先打好，層板有更多元高度自由調整，更衣室設計上，要增加抽籃或其他配件都很彈性。

屋主的裝修心聲

「雖然購屋時是令人滿意的四房格局，但仔細思考才發現根本用不到這麼多房間。」

設計師的解決之道

拆除一房變出書房與更衣室

四房格局並不適合一家三口使用，每間房間平均才 3 坪，對衣量大的屋主太太來說，一排衣櫃根本不夠用。設計師提出重新調整一房隔間，拆除部分隔間牆，將一房納入主臥室更衣間與獨立書房。小小的移動改變了房門開口位置，也解決當初餐廳因緊鄰三房造成的動線狹窄問題。

為了讓公共空間更無拘束，宛若屏風的電視牆半開放界定客廳與書房、餐廳間的關係，設計左右對稱玻璃軌道門作為書房門片，二來也可以阻擋客廳冷氣一直往餐廳後方吹送。因為移動到隔間牆，原始地坪在拆除過程中被破壞，所以書房空間架高約 5 公分，與客廳空間產生區隔外，也可以省下修復地坪的預算。

設計師的解決之道
讓系統櫃控制木作預算在 30%

設計師解釋：「小預算設計最重要的是基礎工程、動線的打底，減少裝飾性的木作造型，將牆面解放出來的無拘束設計，只要將收納機能滿足好，日後裝飾性的材料都可以慢慢添加。」為了精準將預算控制在 90 萬元以下，預算功課絕對不能少，尤其預算項目最大的比重在於「木作」，一般木作比會佔總預算 40%~50% 之間，這次設計師便將木作預算控制在 30% 以下，捨棄不必要的造型木作，收納櫃體多用系統櫃代替，可節省後續貼皮、噴漆的費用，使用上也有較大的彈性與配件可做變化。

不過，系統櫃單一制式的樣式，較不建議作開放櫃體，畢竟展示陳列架需要較有質感的表面處理以及不同材質的搭配，像是餐廳區的展示餐櫃因為搭配玻璃檯面設計，最好還是請木工現場訂製。其它像是書房區的書桌檯面因為超過一定長度，工廠無法訂製，若是拼接會產生接縫面，所以一樣建議使用木作訂製。如果預算上有限制，善用活動家具取代木作訂製也能省下不少預算，舉例來說，小孩房的書桌只要花3千~4千元就能購得，若量身訂製木作則必須花到約 1 萬 ~1.5 萬元，足足省了 4 倍以上。

屋主的裝修心聲

「我們的預算真的不多，會不會必須少做很多收納櫃才能省錢？」

屋主的裝修心聲

「我們喜歡俐落簡潔的空間風格，最好可以將視聽管線都隱藏起來。」

設計師的解決之道
利用更衣室空間做影音櫃收納

因為撥出一半空間保留作更衣室，原本擠在主臥室入門動線的衣櫃，就能改成半高櫃，好處是行進間不會壓迫，也多替屋主太太增加展示蒐藏的小平台，裝設小冰箱等設備後，主臥室就能提升至飯店精緻功能。此外，主臥室那道簡潔俐落的電視牆也暗藏玄機，雖然壁掛液晶螢幕，卻絲毫看不見任何設備櫃，原來是設計師利用更衣室內的空間，將電視櫃藏在牆壁後面，考量器材的通風散熱，設計造型如百葉的線條設計，為了達成更一致的造型，整面電視牆更在上、下方用白色噴漆表現線條。

就像設計師開始時説的：「沒有拘束！」讓房子牆面開始呼吸時，解放的不只是空間，更是預算！簡單配上風格壁紙就能營造主題，甚至未來可變化更大，幾幅畫、幾盆植栽都可以變成這張白畫布的顏料，擁抱著窗外綠光。

100萬

16坪｜電梯大廈｜中古屋｜夫妻

才16坪卻還想要吧檯和書房？

用格局技巧挪出好空間

屋主在職場上辛苦了好些年，終於可以在台北市不錯地段買間小夾層居住，但進入屋子才發現舊有的木作裝潢及風格，完全不適合自己，於是才展開尋找設計師計畫。但因將所有積蓄都拿去買房子，可運用的資金並不多，僅 100 萬元而已，卻又很想擁有時下最流行的奢華時尚風格，以及大量的收納及儲物空間，因此找上了擅長處理小空間的絕享設計。

設計暨圖片提供▷絕享設計

屋主預算調查

花在哪？

油漆工程 85,000元
石材工程 36,500元
衛浴設備 80,000元
木作工程 358,000元
燈具工程 25,000元
廚具設備 88,000元
玻璃工程 51,000元
窗簾工程 11,000元
五金配件 15,000元
鐵件工程 24,000元
清潔工程 12,000元
拆除工程 54,500元
水電工程 85,000元
泥作工程 75,000元

以上報價會依物價波動而有改變，僅供參考。

花多少？

100萬

花更少？

此戶最省錢的地方在於一樓的格局規劃，將客廳、餐廳、吧台與書房集中在一個空間卻不相互衝突。

值得花？

令屋主最滿意的地方是中島吧台，不僅可以當備餐台、餐桌也可當工作桌。

設計師幫屋主的省荷包秘招

保留舊有結構與建材降低預算

(1) 針對原屋主所留下來的夾層結構，設計師予以保留和結構補強，包括原有夾層上方的隔間牆，讓屋主省下了重做夾層結構的預算。

(2) 一般來說，60X60cm 的拋光磚重貼一坪約 5000 元上下 (依等級不同)，但設計師選擇為屋主保留下原有的拋光石英磚，相對又省下好幾萬元的預算。

屋主的裝修心聲

「因為是中古屋的改裝，勢必會花去很多硬體工程的費用，有哪些部分可以省錢？」

設計師的解決之道

合併廚房與餐廳 客廳變大就有書房

由於基地十分方正，且採光及通風都不錯。因此在設計師檢視過整體空間及考量預算有限的情況下，提出幾個省錢裝修的解決方案，包括保留原有屋子夾層結構、二樓的隔間設計、舊有拋光石英磚、不做天花板、不改樓梯及廁所位置等等。僅調動廚房位置至原本的餐廳處，結合吧台形成一個完整且便利的料理及用餐區域。相對地，客廳的使用範圍變大而寬敞舒適，並利用窗邊採光設計一閱讀區域，結合書櫃及活動式茶几，滿足屋主對於書房需求的想像。

屋主的裝修心聲

「除了風格滿足我們喜歡的小奢華之外，收納機能也是我們最在意的事。」

設計師的解決之道

利用畸零空間做收納
滿足機能更顯空間寬敞

小空間，收納相形重要。除了結合吧台的廚房變大而收納更多外，設計師更利用許多零星空間設計隱藏式收納櫃，像是一進門的玄關鞋櫃、樓梯下方的空間規劃儲藏室放置大型家電或物品、沙發背牆與窗檯間的牆面設計書櫃及展示架、原本廚房的凸牆及轉角設計成隱藏式餐櫥櫃及開放式書架，甚至紅酒櫃等等，連二樓走廊底端的零星空間也不放過，與主臥串連在一起設計成為女主人的更衣室。

屋主的裝修心聲

「我們喜歡華麗一些的風格，但又不希望太過古典，還是要有現代時尚感。」

設計師的解決之道

善用不鏽鋼及玻璃馬賽克營造低調奢華感

在風格上為營造屋主要求的低調奢華感，設計師更利用銀色玻璃馬賽克嵌在櫃體的門片上，從一進門的玄關鞋櫃開始、餐廳櫃、吧台立面、二樓長親客房的床頭板設計等等，彼此呼應。並在沙發背牆設計造型展示台面兼燈光設計，嵌入一長型不鏽鋼，與紅酒櫃的不鏽鋼面板遙遙相望，增加現代質感，更帶來冷調的時尚氛圍，再搭配紅色沙發及高腳座椅、茶几、單椅，時尚奢華風格油然而生。

100萬

15坪｜電梯大廈｜中古屋｜夫妻

客廳光線不足一定要拆掉廚房牆嗎？

局部開窗更有鄉村風格

買下這15年中古屋時，其實屋況並非舊到不堪使用，但因原本收納空間少、光線不佳、陽台雜亂…等種種令人不悅的大小狀況，讓屋主決定重新裝修改善屋況，透過齊禾設計的專業引導，將15坪大的小房子，化身為明亮的歐洲鄉村風人文住宅。

設計暨圖片提供▷齊禾設計

屋主預算調查

花多少？

100萬

花在哪？

油漆工程 50,000元
拆除工程 50,000元
空調工程 126,000元
衛浴工程 40,000元
鐵工工程 30,000元
鋁窗與窗簾工程 65,000元
磁磚與玻璃工程 52,000元
燈具工程 30,000元
假設工程及設計監管費用 76,000元
泥作工程 77,000元
木作工程 344,000元
水電工程 60,000元

以上報價會依物價波動而有改變，僅供參考。

花更少？

要讓客廳增加光線未必要敲掉整面廚房的牆，利用局部開窗的方式就能引入好採光。

值得花？

雖然有動泥作工程的一面牆（餐廳與客浴之間），卻因此換來三座大高櫃的收納量，補足原本收納不足的問題。

設計師幫屋主的省荷包秘招
為屋主創造「簡單即是生活」的風格

(1) 因為是中古屋改造，所以可以盡可能將舊有建材挑選整理後再使用，例如：鋁窗、天花板等等。

(2) 和屋主達成簡單自然的裝修風格共識，儘量選擇最適屋主需求及合於風格之木作設計，同時減少不必要的裝飾。

(3) 裝修上以使用現成活動家具、系統櫥櫃為主，減少訂製家具，就能夠大大降低木作工程費用。

屋主的裝修心聲

「原本的玄關沒有特別設計，不知道該怎麼收納鞋子，而且還有進門就見窗的穿堂煞問題。」

設計師的解決之道

百葉門櫃 + 旋轉屏風 = 散發渡假般的鄉村風

針對原有裝潢沒有規劃足夠鞋櫃和收納櫃的問題，設計師首先在玄關以百葉門片來設計衣帽櫃，可吊掛衣服的高櫃，收納量及質感都較普通鞋櫃更好，餐桌旁的冷氣下方則設置三座隱藏於牆面的高深櫃增加收納空間，尤其屋主夫婦喜歡鄉村風格，位於沙發旁的獨立高櫃，設計師特別搭配百合白與烤漆白的立面色澤、簡約的上下線板創造了櫃體優雅氣氛。另外，在玄關與室內設計了一扇很特別的半圓迴轉屏風，噴砂玻璃與鐵件的組合有如鄉村風的格子窗，半穿透的視覺感化解了穿堂煞風水忌諱。

屋主的裝修心聲

「原來室內裝潢的大門及地板顏色過重、木地板也老舊潮溼，住起來心情很不愉快。」

設計師的解決之道

染白空間與木質家具　擴大空間視覺感

從事廣告業的女主人與做音樂的男主人，不僅工作內涵有著濃濃文藝感，對生活的品味也是偏愛本質單純、樸素人文的設計，因此設計師以白色做為空間主調，將大門重新烤白設計、地板以洗白色澤減低重量感，壁櫃門片與廁所推門等木皮上均選擇洗白的木紋色彩，除可讓空間顯外大，也更符合歐洲鄉村的細膩美感。至於餐桌則選用屋主喜歡的原木家具，濃郁的木紋及色彩跟白色的空間色調形成反差而更為明顯，而這正是屋主喜歡的本質色調。

ABCDE
FGHIJK
LMNOP
QRSTU
WXYZ

屋主的裝修心聲

「陽台區原有的冷氣設備主機阻擋客廳的採光，加上廚房的隔間牆讓室內光線不足。」

設計師的解決之道

壁爐電視牆開窗　引光之餘更添風情

由於陽台冷氣主機遮住落地窗以及廚房隔間牆導致客廳陰暗的問題，設計師選擇將陽台冷氣主機移位後，在女兒牆上加做鋁窗，擺入植栽與洗衣機，創造了更自然的窗景。廚房隔間牆則以假壁爐造型來設計電視櫃，讓上半部改為折疊窗，使客廳與廚房的視覺與光感均升級，客廳落地窗簾特別加長設計，兩側牆面搭配文化石壁磚等鄉村元素，結合電視牆成為入門的端景。

廚房採歐式鄉村設計，不油不膩的設計完全滿足屋主的輕食生活型態，至於房間內則是以木工來訂製床頭的下吊式收納櫃，讓屋主的衣服可以直接吊掛，床尾也有隱藏式的化妝櫃，可謂麻雀雖小、五臟俱全。

Chapter 04

不做反而美！設計師都是這樣幫屋主省錢的 自己發包絕對學不到的50個竅門

省木作 省泥作

省維修

省石材

省工錢

省鋁窗

省建材

省組裝

省防水

省家具

---

10 位專業設計師秘密交叉運用 50 個技巧，達到「不做反而更美」的效果。

傾斜的地板不用填，用架高木地板蓋

沙發主牆不用貼壁紙，掛畫就能超有型

半高鋁窗不用換，用落地窗簾遮反而看來更寬敞

舊廚櫃不用整組換，換成 IKEA 門片就美

客浴隔間不用全拆，拆半牆換成透明玻璃省磁磚

書桌不用買整組，一塊靠窗實木板立刻變書桌

天花板不用做，裸露彩色管線就像藝術品

省空調 省板材

省廚櫃

省裱框 省油漆 省裝飾

省磁磚

省地坪 省拆除

省電費

省天花板

省木作

油漆 + 亮色系傢飾隨季節換更省

圖｜朵卡室內設計

用油漆取代木作，是常見的省錢裝修手法，但是要怎麼做才會好看呢？建議將明度暗的漆在牆上，帶出空間穩定感，同時利用一些明度高的裝飾品為空間帶來層次感，如亮眼的抱枕、充滿藝術色彩的畫作、亮眼的吊燈或水晶燈、設計感的塊毯等等，還可依季節時時更換，讓家變色換心情。

$ 油漆 450 ～ 600 元 / 坪，IKEA 燈具 500 ～ 3000 元不等、攝影作品裱畫框約一幅 1500 元、生活工場抱枕 299 元 / 個。

省維修

耐用比便宜更省錢

別再用一般取代式思考邏輯來省錢裝修，應反向思考如何多花一點錢，卻可以帶出更高的生活品質及實用性，才是小錢裝修最大的成就。例如木作天花材質分為矽酸鈣及氧化鎂，前者單價雖較貴但可使用 20 年，而後者才 8 年就易產生曲翹問題。

$ 同樣 6mm 來計算，日本麗仕矽酸鈣板 3X6 尺大約 300 元 / 片、氧化鎂板 3X6 尺大約 110 元 / 片。

圖｜朵卡室內設計

圖｜朵卡室內設計

省工錢

03 抓緊省工不省料新概念 發包主要廠商省施工費

裝修費用中，最貴的莫過於施做在天地壁櫃中的木作工程。若能將木作拆開施作，找專門連工帶料都負責到底廠商來分擔木工施作時數，則費用也會大大減低許多。例如櫥櫃找系統廠商設計安裝、地板找木地板廠商估價施工、壁面多用油漆等等都是省工的好方法。

$ 木工師傅 3000 ～ 3500 元／天 (8hr)，材料另計。向系統廠商及木地板廠商購買材料可免費安裝。

省木作

04 用掛畫取代木皮或壁紙主牆省很大

牆面一旦貼上壁紙或是木皮、磁磚，想要更換就不容易，久了就變成了萬年牆面，容易看膩。其實，盡量以油漆取代壁紙、木皮、磁磚，挑沙發後方當主牆，刷上同色系但色階較深者，並選大幅掛畫樣式以凸顯設計風格。不僅變化性高且易更換，比起含工帶料動輒上萬元的固定式牆面設計，油漆加大幅掛畫僅花幾百元或幾千元就能DIY 創造端景。

$ 文化磚 1 箱＝ 1 平方公尺＝ 750 元起，每坪需 3.3 箱，大約 3000 ～ 4000 元。IKEA PREMIAR 林內光影 240X140cm 大幅掛畫 NT5990 元。

圖｜朵卡室內設計

省鋁窗

05 落地窗簾遮舊的半高鋁窗 省去換鋁門窗費用

中古屋若是窗子不漏水，建議能不換就不換。但是老舊窗型的確在空間裡造成視覺的障礙，建議透過天花板遮樑設計，將落地窗簾一併處理來修飾，不但在無形中塑造出開窗加大的視覺效果，也無形中拉高臥室的空間高度。

$ 正新氣密鋁窗每才 200 ～ 300 元左右 (不含工)，台製緹花落地窗簾 (長 240x 寬 140cm，左右兩片)2500 ～ 3000 元左右 (含工)。

圖｜朵卡室內設計

省組裝

木工廚櫃＋ IKEA 門板 耐用又好看

以實境 Show Room 營造居家氛圍的 IKEA 深受消費者喜愛，但卻有不少人對於其櫃體桶身的用料卻有所懷疑，以廚具為例，整體估價仍屬高貴一族，且組裝還必須另付費用。因此建議基礎的桶身可交由木工施作，僅門片及實木檯面選擇 IKEA 來搭配，即美觀又實用，最重要的是還大大節省組裝費及門片油漆費。另外，吧台選用實木檯面平時擦護木油保護，幾年後則用砂紙磨一磨又像新的，CP 值比易因刀傷留疤的人造石來得高。

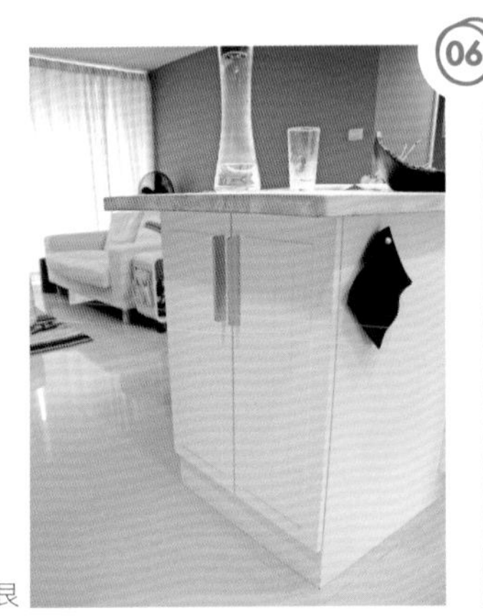

06

圖｜養樂多木良

$ 以 IKEA 廚具為例，240cm 一字型 FAKTUM 系統廚具 41035～49000 元 (不含三機及組裝費)，但 IKEA 門片以最受歡迎的鄉村風線板門片 STÅT 系列，寬 31.8cmX 高 69.4cmX 厚 1.9cm 單片 1,230 元，240cm 大約裝 6 片，1 萬元搞定。至於實木檯面最便宜的為 LAGAN 系列 (長寬厚為 126X60.6X2.8cm) 為 1695 元提供參考。

07

圖｜養樂多木良

省建材

能不拆儘量不拆 僅換局部省很大

無論是新成屋或中古屋，在預算有限的情況下，其實並不一定所有設備都要更新。舉例說明，像是老屋的實木門斗若還可使用，則可以重新上漆，更換門片，就有煥然一新的感覺。又如衛浴若用 TOTO 或更貴品牌，則可以保留，僅更換磁磚就可，因為大不了多花半天的工錢，但重新更換建材就不只這些費用了，提供參考。

$ 實木門斗＋門片 1 樘 2 萬元（不含油漆）；TOTO 馬桶 19000 元以上；工錢 3000 ～ 3500 元／天 (8hr)。

圖｜養樂多木艮

08

省木作

用色彩與燈具取代貼皮或泥作

在報章雜誌的強力放送下，容易造成一般人認為每個房間都應有主牆吸引目光，或做出空間層次感。但無論是用石材、木皮或是壁紙營造主牆，都需額外工種費用，如泥作、木作等，如此不妨利用油漆工程，挑選喜歡又討喜的色彩，再搭配燈光做主牆設計，為空間帶來層次感及氛圍，也省卸了多餘的泥作及木作及材料費用。

$ 泥作工 3000 ～ 3500 元／天 (8hr)、木工 3000~3500 元／天 (8hr)，壁紙、磁磚及木皮視挑選材料而定。油漆 500 ～ 600 元／坪（含批土）。

省空調

挑選二線品牌空調　費用差更多

三房兩廳的居家空間光空調費用 10 萬元以上跑不掉。但事實上若不挑選知名品牌的空調在價格上會省很多，像是二線品牌的愛普頓、禾聯等等，同等級機種光一台就可以省下好千元，全戶安裝則可省下快萬把元。但在挑選空調機種時，要注意新舊冷媒問題，以免發生未來無法更新，就不划算了。

$ 大金壁掛型單冷變頻一對一分離式冷氣 3 ～ 5 坪約 25000 元 (含安裝)；禾聯壁掛型一對一單冷變頻 3 ～ 5 坪約 20,000 元 (含安裝)。

09

圖｜養樂多木艮

圖｜養樂多木艮

10

省木作

色彩底牆搭配無背板書櫃省底板費

將書房底牆上色彩，再放上無底板的開放式書櫃或層板，再放上書本或展示品，不但襯托出書櫃的豐富性，也節省書櫃底板的材料費。也可利用現成書櫃取代木作書櫃，費用會更省。

$ 為 6,995 元，油漆 450 元 / 坪 (工 + 料)；木作高書櫃 (高 180cm)6900 元／尺 (連工帶料，但不含油漆或貼皮費)

11

圖｜杰瑪室內設計

$以 E1v313 板材為例，一線品牌 5 尺的衣櫃，與二線品牌相比，同樣條件一尺約差 2 ～ 3000 元，甚至兩倍都有可能。

省板材

不要選擇一線品牌的系統板材省更多

目前台灣市場上的系統板材品牌相當多，但板材進口商也就那麼幾家，因此市面上的系統板材可說系出同門。而一線品牌的價位高在於其長期累積的品管及行銷，若是其報價真的無法接受，其實可以考慮請設計師推薦其他二線品牌，並就其出產地及五金價格再做篩選，別選太過複雜的設計或工法，相信在價格上及需求面會獲得滿足。

12

圖｜杰瑪室內設計

$材料不計算，光木工一天工資 2800 ～ 3300 元（早上 8:00~5:00，中間休息 1 小時）；系統櫃牌價已將設計及工資計算入內。

省工錢

木作貴在工資不在料　施作天數愈少愈好

到底要用木作或系統櫥櫃，一直是居家裝修討論的熱門話題，但老實説兩者很難比較。只要掌握一點，就是木作貴在工資，以天來計算，因此若可以的話，儘量減少家中木作的施工天數，自然費用會大大降低。例如以現成系統櫃取代傳統木作，僅做天花及書架層板結構，費用自然少去很多。

13 省工錢

花小錢做天花　省包覆管線大錢

不做天花的確可以省掉木作錢，但並非所有空間都適合。若是有空調、燈光管線、視聽音響等考量，建議還是花點費用在天花板設計做隱藏，會比管線外露要做的工程來得簡單且便宜許多。

$ 平頂式天花連工帶料＋窗簾盒 3500 元／坪（含油漆）；裸露天花＋整管線＋軌道燈 8000 ～ 10000 元／坪（含油漆批土）

圖｜杰瑪室內設計

省建材

怕主牆太單調
用色彩及表面材妝點

同樣漆白的或漆其他色彩，其實在工與料上並沒有差別，因此若以白色為基調的空間，想要來點變化，建議可以選擇將主牆漆上不同色彩，即突顯居住者的個性及空間層次感。其次也可以運用一些有立體感的表面材做搭配，如文化磚或梧桐風化木貼皮等，讓牆面充滿變化。

$ 文化磚 1 箱＝ 1 平方公尺＝ 750 元起，每坪需 3.3 箱，大約 3000 ～ 4000 元。ICI 乳膠漆油漆 1 加侖（3.785 公升）＝約 2 坪空間含天花板＝ 1500 元（料）＋ 450X2 元（工）。

14

圖｜杰瑪室內設計

15

圖｜杰瑪室內設計

省廚櫃

想要廚具煥然一新　更換門片就行了

一般中古屋在買賣時，前屋主通常會保留廚具，若是廚具桶身或五金還堪用，僅是門片因長久使用而變舊。在節省預算的情況下，不妨可以請設計師透過系統廠商挑選配合居家風格的門片更換即可，馬上讓廚具煥然一新的感覺。

$ 系統廚具門片，1 才 NT.180 元（1 才＝ 30 公分 ×30 公分）。210 公分長廚具櫃（不含 3 機）約 7 萬元起跳。

省裝飾

原有隔間變身為吸睛造型牆

為使動線更順暢，主臥調整了格局，入口與衛浴的位置也跟著變動。原先的衛浴隔牆僅保留正對入口的一小截。考慮到全室風格並加強預算控制，此牆敲掉表面覆蓋的水泥粉光、刷上白漆之後就不另加面材；裸露的紅磚與水泥鑿面所展現的粗獷質感可增添空間韻味。牆側敲出的弧線造型也讓這道立面顯得輕巧、與天地壁的關係更和諧。

$ 新增造型牆（磚砌或木作二選一，含刷漆）1 道牆約砌磚 12,000 元→直接改造原有磚牆（敲除表面覆材、敲出邊緣造型與刷漆）1 道牆約 4,000 元

16

圖｜隱巷設計

17

省木作

局部天花可聰明爭取高度與預算

台灣的室內裝修界慣用木作來修飾天花；其實，天花可以不必整個都封住！圖中的老公寓，僅在客廳大樑與餐桌上方等必要處做封板；這些局部天花既可遮住空調管線與間照光源、化為餐燈底座，還能大幅度地保留原始高度，避免天花降低而構成壓迫感。而且由於木作天花少了一半以上的面積，此處的木作費可節省三至五成喔！

$ 全封的木作天花板含刷漆（餐廳 4 坪共約 20,000 元）、只在四週作間接照明的局部天花板含刷漆（餐廳 3 坪共約 15,000 元）→重點式的局部天花板，含刷漆（餐廳 2 坪共約 10,000 元）

圖｜隱巷設計

18

省拆除 省磁磚

改造封閉實牆以兼顧採光與特色

這戶挑高的小住家兼工作室，坪數極有限且為單面採光。留在大門旁原有位置的衛浴間，僅透過調整隔牆的手法就成功破解封閉小空間的幽暗宿命。隔牆的位置大致不變，僅將上半段的實牆改成透明灰玻璃，就能兼顧採光與隱私。下半段的牆面，外側是粗獷的 Loft 風磚牆，在衛浴間的這側則改貼文化石、並在表面做好防水處理。

> **$** 泥敲掉原有隔間再新砌玻璃隔間 (含刷漆) 連工帶料，每坪約 22,000 元→直接改造原有牆面 (敲除、上半段加裝透明玻璃、下半段內側貼文化石並做防水) 連工帶料，每坪約 15,000 元

圖｜隱巷設計

省地坪 省拆除

直接鋪 PVC 地板大省預算與工期

這戶老公寓的磨石子地坪既平整也無裂縫，屋主想改鋪木地板卻預算有限，因此設計師建議保留原有地坪、在上面直接鋪設 PVC 地板。現今的 PVC 地板多採大版印刷，能逼真呈現原木花色，材料與工期更是比鋪木地板節省許多！此戶從玄關、客廳到餐廳皆鋪上 PVC 地板，厚 3.0mm 的產品能禁得起公共空間的頻繁走動與拖拉家具的刮磨。

> **$** 敲掉原有地坪、鋪設石英地磚 (每坪 9,500 元)、在原有地坪直接鋪設超耐磨地板 (每坪 4,200 元)→保留原有地坪、直接鋪設 PVC 地板 (厚 3.0mm 產品，每坪約 2,100 元)

19

圖｜隱巷設計

20

圖｜隱巷設計

省工錢

傾斜地面用架高木地板解決

30 來坪的中古屋得配置三房，這樣的空間分割導致客廳難以打造大器的電視牆；此外，全室地板也傾斜到連肉眼都可察覺。設計師在規劃時將這些屋況納入考量，故在客廳後方的臥房與和室鋪設架高木地板。地面高低差可強調公私領域的區隔，還可順勢在分界處配置電視。被架高木地板蓋住的原始地坪也不必去修整，可謂一舉數得！

> **$** 修整地坪再鋪設超耐磨木地板 (每坪 6,200 元)→直接在原本的傾斜地面架高木地板 (1 坪約 5,200 元)

圖｜a space design

21 省木作 省油漆

善用柱與牆之間搭木板變書桌

運用 IKEA 實木檯面，將書房的書桌設計沿著窗，在牆與柱之間架設起來，省去桌腳的費用，若怕支撐力不足，可在中間再加支柱，也較木作或系統來得省錢。而且實木板材，未來可用砂紙打磨煥然一新，再用幾年也沒問題。

$ 木作書桌 120cm 長 X60cm 寬，加上抽屜及桌腳約 10000 元上下（不含漆），若用現成 IKEA 實木，僅在中間加兩支加強支柱，費用 5000 元搞定（實木本身已上保護漆）。

省工錢 省建材

油漆工程時一起上黑板漆與磁性漆

由於整個空間以白色為基調，因此想要突顯空間的層次感，在玄關一進門的客廳端景牆上，先用磁性漆做底漆塗刷三次，然後再漆上黑板漆的設計，讓屋主以及訪客可以在上方隨性留言，記錄生活點滴，也成為空間裡最強而有力的設計主題。

$ 進口磁性漆 1000 ～ 1800 元 (0.5 公升)；進口黑板漆 1000 ～ 1800 元 (0.5 公升)，不含工資。

圖｜a space design

22

$ 油漆 450 ～ 500 元／坪， 寬 130X 高 65cm 時尚壁貼 500 ～ 1000 元／組

圖｜a space design

23

省木作

善用色彩及壁貼　豐富牆面

由於預算不足，在處理完居家木作收納的衣櫃或床組家具後，主牆設計便難以施力。這時建議可以運用油漆色彩及時下流行的壁貼，讓空間主牆產生焦點，省去做木作床頭板的費用。

省磁磚

玻璃裝飾廚房牆壁比磁磚省

24

圖｜a space design

由於廚具為建商提供，但考慮採光及清潔問題，所以保留廚具，但上櫃與流理台之間的牆面改用玻璃取代磁磚，一來方便清理，二來省下部分貼磚的工資與材料費，是不錯的建材選擇。

$ 烤漆玻璃每才 (30X30cm)200 ～ 300 元，若選用 5mm 價格更低。而磁磚則視大小及色而定，連工帶料約 4000 ～ 6000 元不等。

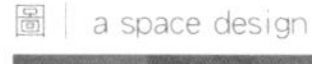

圖｜a space design

25

省電費

開放式廚房及書房
讓自然採光進入省照明費

將廚房以開放方式表現，引入大量的自然光線到客廳當中，讓空間與陽光產生良好的互動。而且為了要在區域之間規劃親暱的的關係，於沙發後方的局部牆面以清玻璃作鏤空設計，與書房端建立良好的互動，光影與視覺得以有效的穿透。因此公共空間便不需做全室照明，僅集中在較暗的電視牆的展示書櫃及沙發背牆即可。

$ 全室照明＋平頂天花 NT5000 元 / 坪 (含施工)；局部照明軌道燈 2500 元 / 組 (5 燈 + 軌道配件)

26

省地坪

沿用地磚與不加蓋天花板

這是 16 坪的新成屋，為節省預算，設計師建議沿用建商配置的地磚，比起改用木地板每坪至少省下 4500 元以上，如此便可將較多預算花在書櫃主牆，以及燈飾、家具等軟裝上，同時此戶也採用不加蓋天花板的設計，讓屋高與預算同時獲得最佳效益。

圖｜甘納空間設計

省天花板

裸露的天花板與管線也可以很優雅

水泥粉光的牆面與毫無遮掩的天花板，讓居住其間的人感受到簡單的優雅。原本以為原色水泥牆是降低預算的主因，但設計師說明素色牆面仍須打磨、批土、上防水的保護漆，因此省不多少錢，倒是不加蓋的天花板每坪可省 3800 ～ 4000 元，而簡單配管的費用大約 3000 元左右，是喜歡簡約現代風格者不錯的選擇。

圖｜甘納空間設計

27

28

省木作 省泥作

清玻璃取代實牆與木門

在餐廳與書房之間，以輕隔間來取代泥作的實牆設計，在設計上可獲得穿透的空間感，讓兩邊空間都有放大效果。設計師說明如果預算有限制可採用清玻璃隔間，但是若採茶色或其他花色玻璃則價位較高些；另一方面，玻璃門也比木門較便宜。一般水泥牆面一坪費用約需 7000 元，而清玻璃以才計價，換算成坪數則約 5000 ～ 6000 元左右。

圖｜甘納空間設計

省木作

漆色牆面與軟裝家具搭配出個性生活

一般人觀念多半將裝修重點放在客廳主牆，但設計師不以氣派為主題，省下傳統動輒 7 ～ 8000 元一呎的主牆設計，改以簡單的霧鄉色漆作為底，再搭配活動櫃體與地毯等特色家具，也能創造出具有自我個性的生活空間。不過，此類設計的成敗關鍵在於屋主或設計師本身對於色彩與美感的掌握度。

29

圖｜甘納空間設計

30

省木作 省防水

漆同色製造成套家具效果

設計師建議將原本的廚房設備與櫃體保留不動，僅將壁面改換成烤漆玻璃，另外，將門片改成黑色以便與黑色餐桌搭配成套，如此，便可讓空間質感提升。另一方面，設計師也將屋主原本仍堪用的木作櫃更新表面材質，放在窗檯旁，作為座榻矮櫃，也省下一筆木工費用。

圖｜甘納空間設計

省家具

舊的皮沙發蓋布套

舊的皮沙發蓋布套暫時沒有經費換新沙發，建議買大布罩來裝飾，注意挑選的布料要稍有厚度，塞進沙發縫中，縫中還可以塞入一個小東西，例如小木棍，布罩就不容易滑出來。挑選布料顏色的方式是，黑沙發配橘色，黃色沙發配藍色。

31

圖｜集集設計

圖｜集集設計

32

省木作

如果不做天花板

不做天花板可以省一些工程費，管線外露當然也有 LOFT 風格，但是空調的管線還是必須被包裝起來，以及要選用外型美觀的燈具，至於大家擔心的燈光明亮度，可以搭配多點的檯燈和立燈。

圖｜集集設計

33

省拆除

活動隔間 + 水電預留 = 隨時變兩房

單身一個人住和有家庭成員的生活方式有很大的差別，如果在同一個房子中，一個人可以享用最大面積，成家後又馬上可以變出小孩房，是房子被使用率最好的規劃，因此即使你想要一個開放的房間，其中的空調、開關與插座都要完成，將來只需要加上一道牆與一扇門就變出完整房間。

34

圖｜集集設計

省磁磚

黑白磁磚與防水漆是改裝浴室的秘訣

單色的磁磚是最便宜的材料，一片大約幾十元，比起 20x20 公分的壁磚一片至少 150 元起跳，便宜一半以上；如果想要更省錢，可以學左邊淋浴間的設計，在防水與水泥粉光工程做完之後，直接漆上防水漆，比用磁磚便宜非常多。

35

省木作

免衣櫥
鍛鐵衣架便宜又美觀

衣櫥是木作工程中最而貴的項目，如果表面加上造型，甚至可以高達 6 萬元，這時建議作出層板與吊掛架即可，尤其鍛鐵材質紮實、細緻，即使都沒有門片，也是件可愛的裝飾品。

圖｜集集設計

省天花板

部分斜面天花板化解壓樑

以臥室來說，只在冷氣管線和床頭上方橫樑通過的地方才做天花板，適當隱藏造成壓迫的部分，一方面省下全做天花板的費用，一方面也維持空間舒適高度。由於寬度不足，製作床頭櫃會壓縮走道，於是在床頭上方僅做一道斜面天花板隱藏橫樑，解決壓樑問題，簡單的造型不增加多餘花費。

36

圖｜橙白室內設計

省石材　省木作

仿清水模壁紙達到逼真效果

在壁面作法上，除了刷漆，壁紙也是位居經濟實惠排行榜前列。壁紙花色樣式選擇多，目前也推出許多仿其它材質的壁紙，例如仿木質、石材等等，連清水模也維妙維肖。想要擁有不同材質質感，不妨考慮以較特殊的壁紙來替代，比起原始材質，花費相對少很多，也能達到一定的視覺效果。

37

圖｜橙白室內設計

圖｜橙白室內設計

38

省石材 省木作

刷漆電視牆最省材料工法

電視牆的作法有很多種，包括貼木皮、壁紙、壁板或使用石材等等，最直接的作法是採用刷漆電視牆，使用以白色為主色的電視牆面，表現乾淨簡約的現代風格。刷漆顏色可以視空間調性搭配，也能使用不同於其它牆面的跳色手法，好處在於不用再另外使用表面飾材，將材料與工法減到最低。

39

省裱框 省天花板

相片牆搭配燈具營造風格

妝點空間氣氛，用相片裝飾牆面是簡單又經濟的方式，無邊框、不規則的排列方式，呈現輕鬆悠閒風格，不需要一一裱框，就能在素淨白底上製造出印象深刻的視覺主牆。搭配燈光烘托氛圍，多運用立燈、檯燈等燈具重點照明，降低間接光源設計比例，同時也省下多做天花板的工。

圖｜橙白室內設計

圖｜橙白室內設計

40

省木作 省石材

運用美耐板打造電視矮牆

當想要以電視矮牆直接區隔空間，可以運用美耐板來做電視矮牆，取代常用的木作與石材。美耐板是用牛皮紙等紙類，經高溫高壓壓制而成，故重量輕巧又環保，價格普遍來說也很親民。美耐板的顏色和質感不斷提升，運用也越來越廣泛，在預算有限狀況下，是非常受歡迎的替代建材之一。

41

圖｜絕享設計

省木作

油漆＋壁貼代替壁面層板

在書桌前方的牆面採用嫩綠漆色來妝點牆面，為整個書房鋪陳出清新氛圍，同時也具有護眼效果，再利用個性化的壁貼圖案來突顯青春個性，不需要額外造型也能讓空間有設計感，讓整牆個面至少節省上萬的木工費用。

42

圖｜絕享設計

省木作

暖黃牆色與彎月吊燈送來溫馨好夢

暖黃的壁面色彩讓這間小孩房頓時升溫不少，再配上彎月型立體吊燈，相當可愛。設計師建議預算較緊的屋主在房間可多用漆色及壁紙來取代木作造型，因為木工的價格比油漆或壁紙貴約 1.5 倍，而且日後孩子成長也較不易做變更。

43

圖｜絕享設計

省拆除　省防水

烤漆玻璃作鋪面展現浴室光潔感

光看這新穎亮潔的空間感，很難想像這是中古屋改造的浴室。為了節省預算，設計師經評估認為原地板與牆面都蠻平整，因此決定不敲磚拆除，而直接以烤漆玻璃作牆面覆蓋設計，如此可省下拆除與防水工程，讓浴室的花費節省約一半。

省泥作　省電費

44 玻璃門櫃兼具設計感與多功能

將隔間牆、門片、櫥櫃與造型牆融合於一道玻璃櫃牆中，當門關上則可區隔二區，可達到空調節能效果，若將玻璃移至中間則化身展示櫃，而且玻璃材質可讓書房與臥房更具穿透感，最重要的是多功能櫃的設計可節省約 1/3 的造價。

圖｜絕享設計

省泥作

45 雙用櫃取代隔間省下牆面費用

為了保持主臥房內的整潔不受干擾，通常書房與更衣間都會另作隔間牆，但是設計師利用床尾衣櫃取代隔間，並直接將衣櫃背面封板設計為書桌與鏡牆，如此少了隔間牆的造價，也省下牆面厚度，對於預算控制有所貢獻。

圖｜絕享設計

圖｜絕享設計

46

省石材

木作取代石材 也可營造簡約設計感

電視牆以木作白色烤漆處理來取代石材，表面搭配切割線條的細部設計，同樣可展現出簡約的現代感，若以石材計價整牆約需 10 萬元，而木作大約 3 萬左右，可省下不少錢。另外，沙發後方的木皮裝飾也只以局部設計，省下 2/3 預算，同時更具設計感。

圖｜絕享設計

47

省木作　省家具

現成家具與系統櫃 裝飾出典雅美式風

為了更節省預算，在臥室捨棄常見的床頭繃布背板設計，改以壁紙鋪貼，約可省下 1 萬元預算；另外，不用木工而搭配現成的鄉村風木床及床頭家具配置，至於衣櫥則運用系統家具來完成，除了機能完全滿足，也順利達成屋主喜歡的美式風格。

48

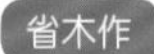

省木作

壁紙主牆取代木工讓預算減半

此戶為挑高空間，為了避免面積頗大的客、餐廳牆面過於空洞，但又考量預算，因此客廳沙發背牆先大量貼上壁紙，並在上半部以斜切面的木作搭配線性燈光來裝飾牆面，讓主牆的色彩與畫面都更加豐富，其中壁紙則是降低預算的關鍵，較全牆木工設計約可省下一半以上的錢。

圖｜絕享設計

49

圖｜絕享設計

省木作

點綴式條鏡讓牆面活潑有延伸感

在開放的公共空間中有一道斜牆面，原本考慮做造型牆，但因面積頗大花費不少，後來決定改以條鏡貼飾取代造型設計，既有設計感、同時也讓視覺更有延伸性。而整個牆面的鏡子耗材與施工只花不到 2000 元，若以木作至少約二萬元左右。

省木作

白層板櫃是空間最美麗的聚焦端景

為了讓層板櫃更具有裝飾設計感，特別以藍白的色彩對比，以及層板轉折的立體線條設計，使層板櫃本身就成為美麗聚焦，最重要的是簡單的層板櫃在花費上比門櫃約可省下一半的費用，但功能卻相差無多。

50

圖｜絕享設計

Chapter 03

設計師專業傳授「新成屋VS中古屋」預算分配經濟學

新成屋該怎麼省？

新成屋與其在屋內作滿硬體工程，最後卻沒有預算可購買喜歡的軟件或家具，還不如讓牆面留白、天花板外露，保留些預算給軟件，讓有質感的家具或主燈來營造喜歡的氣氛，同時這些家具也可以在未來換家時繼續沿用。

中古屋該怎麼省？

對中古屋而言，百萬預算在基礎工程就吃光光了，因此建議以 10 年為一期做設計思考，會重大影響生活的先做，泥作、水電及「必須把原有家具清空」的工程如地板、油漆等麻煩事先做，其他如照明或家具、家飾等可慢慢再添購即可。

設計費與監工費 幫你省下時間和精力

自己規劃、發包工程、監督施工需要耗費時間、精神與體力，不是每個人都能應付得來，無論是新成屋或中古屋，想要有更完善的裝修工程與品質，可將家交給專業設計師打造，付出合理的設計費及監工費，換來更舒適的生活享受。

∽現在寬敞但未來房間數也要夠∽

空間架構與水電開關計畫優先做

如果預算不夠，把看得出來和看不出來的項目分類就是王鎮設計師的辦法，除了他也認為可以分段進行、把污染比較大的工程一次完成之外，還有運用建材的不同觀點，甚至有些項目屋主還可以自己動手做；最重要的是空間結構要完整，現在是一房的空間，以後要能輕輕鬆鬆變三房。

新成屋裝修經濟學

1 大面積的部分可以用好建材提升居家質感

如果預算不高，又有特定喜歡的風格，這時最怕東省西省建材質感不好，建議地板的預算可以列高一點，好一點的地坪建材因為大面積鋪設，例如印刷精美的有刻紋的超耐磨地板一定比普通的超耐磨地板能提高整體視覺質感。

2 可以省壁面的費用 不要省木地板的質感

有些屋主會覺得大面積的用材選便宜一點，就可以省下經費，建議牆面的大面積，用色彩來搭配出藝術感就可以達到效果，甚至自己來油漆都可以，因為色彩可以補償刷漆技術不好的部分。

但是在地板就不建議這樣思考，因為地板的質感是眼睛第一眼就看出整戶房子的價值，尤其是木地板類，因此我建議還是要選用質感好一點的木地板。如果經費有限，可以將木地板列在分段施工的最後一階段施行，存夠錢再做都比硬用便宜的地板好。

3 用小片單色瓷磚創造比大片磁磚更好的效果

預算不足的人通常只能選國產的磁磚，大約一坪材料費在 3000 元至 4500 元，可以選的花色和質感真的有限，可選用 10x10 或是 5x5 的黑白單色磁磚，價格大約一般磁磚的 2/3，便宜拼起來流行感又高。（註：要選用 10x10 或是 5x5 哪一種尺寸，要看空間面積的大小來決定。）

採訪▷李亦榛　資料暨圖片提供▷集集設計

「把重點選在最大面積的事情上，選好一點的建材，例如地坪用高級的木質地板，房子馬上就變得質感很好，其他地方少做，或用次一級的東西就沒關係了。」

/設計公司/集集設計
/設計師/王鎮

中古屋裝修經濟學

1 精準計算乾區與濕區的面積可以省磁磚

中古屋最大不能省的就是拆除、水電與防水，建議可以操作的地方就是材料計算，例如用水區有分乾區與濕區，浴室就分淋浴水區和更衣區，淋浴區水多，可以鋪滿磁磚，其他牆壁就可以只鋪半身高的磁磚，上半段選用防水漆刷過即可，可以省下一半用量的磁磚，適合喜歡風格強烈的屋主。廚房部分就保留需要清洗的地區鋪磚即可，櫥櫃背後、免清洗的地方，水泥粉光好即可。（註：浴室防水靠的是完善的防水層，不是磁磚。）

2 改變燈光習慣就可以不做天花

天花最大的功能是安排燈光與包裹管線，如果想省天花板的費用，首先要想可以接受買一盞美麗的主燈，其他地方都是立燈和檯燈嗎？當天花只做遮掩空調與管線的部分，可以省下一些費用，照明風格也會比間接燈光有風味；高層大樓消防出水口的處理，可以做格柵、角架修飾就可以了。雖然插座、開關要做的比較多，比起天花板上裝設許多嵌燈的管線費划算。（註：天花板裝很多內嵌燈具在做不同事的時候還是不夠亮，對視力不夠好；還有大家常用白光照明，到了晚上會令孩子太活躍、不能好好休息。）

3 舊家具保留更新法

檢視舊家具的技巧是：①要看材質與骨架是否良好，可以就改顏色，例如雞翅木改成白色。②沙發要看椅面塌陷的程度決定，因為送至沙發廠的運費至少 6 千元起，並不便宜；也有一種到府換衣服的服務，像做衣服打版，為沙發做合身布套，這種可以省下運費；最便宜的是去 IKEA 買床用大罩，鋪在沙發中間。③衣櫥則換門片就可以 (門片佔整體衣櫥價格約 1/3)。

∽ Loft 風格最適合低預算∽

安全性基礎工程先處理 其餘可分段裝修

100 萬，適合裝修多大的空間才能兼顧預算與效果？以 1 坪花費為單位，新成屋 1 坪至少抓 5 萬，中古屋則要抓到 10 萬，以此推算可實現的坪數大小。再來是將可以省的錢省下來，用在重點裝修上，中古屋重點在基礎工程，建議選擇五年左右的年輕中古屋較為實際，五年以上整體屋況不穩定，隔間、管線可能皆須全面換新，預算相對提高。

新成屋裝修經濟學

1 局部施作簡單天花板

若全室皆做天花板，光是材料費用就是一筆不小的支出，可以在需要包覆的線路或是有橫樑通過，才做部分天花板美化，並且以簡單造型修飾即可，複雜的造型會增加費用。

2 以現成衣櫃減少木作

雖然木作工程花錢又費時，但是最能符合空間狀況與使用習慣，例如收納物品與抽屜大小的安排。因此不建議全都使用現成櫃體，不過像是衣櫃對整體空間影響較小，就可以考慮使用現成衣櫃代替木作。

3 盡量維持原況不拆除

以新成屋來說，屋況沒什麼大問題，不必把錢花在基礎工程上。原有格局和地板不需更動就不要拆，如此便可省下一大部分泥作工程費用，並建議使用原本廚具，可以省下拆除費以及購買廚具的開銷。

4 貼美耐板省上漆費用

多運用美耐板或玻璃等材質，做為一般櫥櫃的表面飾材，表面不用再噴漆、上油漆，省下一道工，而且表面又比較耐磨。一般美耐板價格經濟實惠，又有多種花樣可供選擇，能與空間顏色風格搭配。

採訪▷溫智儀　資料暨圖片提供▷橙白設計

「能省則省，事關健康安全絕對不可省。」

/設計公司/橙白室內設計
/設計師/朱長義、陳欣慧

中古屋裝修經濟學

1 廚房能用就繼續沿用

如果廚房狀況還好、廚具也還可以用就不要換新，把預算重點花費在衛浴整修上，因為衛浴空間問題是必要處理的項目，包括防水工程、重鋪磁磚，必須全都做到位才能徹底確保不會漏水。

2 窗戶可日後分段裝修

窗戶若沒有什麼大問題，不會滲水、沒有變形的狀況，影響的只是美觀，也可以留待日後有預算再更換。凡是有關安全的基礎工程一定擺在第一，其它只關係到美觀，則可挪為分段裝修。

3 鋪木地板省下拆除費

想要換地板，不論原本地板是什麼材質，都可以直接在上面鋪設木地板，省下拆除磁磚、水泥抹平的費用，木地板也可以採用架高方式，管線還可以走在下方，不必再另外埋管。

4 Loft 風格最省時省錢

小額預算又想要營造獨特氛圍，最適合 Loft 風格，特點是不用封天花板隱藏管線，又能直接以家具代替隔間，使用舊家具或稍微改造，馬上呈現人文懷舊感，省下天花板、隔間、買新家具費用。

∽以 10 年需求為單位∽

延伸與集中木作工程可省工省料

最好的設計就是減少設計，但事實上減少設計，預算並不一定會變少是經驗談。因此無論是中古屋或新成屋，在預算比例上，反而是回頭思考居住者的需求來做裝修的預算搭配，對於設計師及屋主才不會造成太大的負擔及落差。若真的預算有限，建議可以先將 10 年的硬體需求先到位，如隔間、動線、水電等，其餘可以透過傢飾等軟件，在居家中營造出舒適明亮的敞朗空間，也才能居住長長久久。

新成屋裝修經濟學

1 集中木作工程 省料省時省費用

裝修省不了木作工程，因此建議若可以將木作工程集中，或採多功能設計方式處理，例如將廚房與客、餐廳採同一軸線的開放式規劃，從廚具中島、餐桌、電視牆集中，強調延伸、開闊的空間感受，也能大大省工省料。

2 以布幔機能隔間大省門片費

設計空間格局時，不妨可以運用彈性隔間，讓空間可以有更多變化可行性。如現在一人，主臥及更衣或書房可用布幔取代門片，費用便可以省很多。

3 簡單建材也能搭配質感空間

想要舒適的空間氛圍，在建材選用上最好儘量單純，且不退流行最好。例如木皮、文化磚、油漆、黑管鐵件等等，搭配得當，花費不多也有很大效果。

4 善用局色彩搭配 豐富立面

新成屋最大的優勢就是建商已完成全室油漆，建議可利用跳色色彩的搭配如亮橘、翠綠等明亮色系，及牆面比例的計算，為白色牆面帶出豐富的立面表情。

採訪▷Amily Lee　資料暨圖片提供▷a space design

「將屋主特色引導進空間成為最便宜的裝修風景。」

/ 設計公司 /a space design
/ 設計師 / 陳燚騰

中古屋裝修經濟學

1 不隨意更動隔局　把拆除簡化

除非涉及到房子的通風及採光問題，若房間數符合居住人數，能不動更隔局就儘量不動，並將拆除降至最低，最好僅動一牆就搞定，衛浴廚房還能用沒漏水就保留，地磚若沒破裂或不平，可保留直接鋪上木地板、鋁窗無漏水問題則保留，用以新包舊的方式加框更換即可 ...... 等等，將拆除工程簡化到最少最省。

2 會影響未來 10 年生活需求的先做

對中古屋而言，百萬預算光在基礎工程就吃光光了，因此建議以 10 年為一期做設計思考，會重大影響生活的先做，因此泥作、水電及「必須把原有家具清空」的工程如地板、油漆等麻煩事先做，其他如照明或家具可慢慢再更換即可。

3 把屋主的收藏設計居家中　大省裝飾費

空間別做滿，留白讓屋主的收藏做最好的佈置，例如屋主本身愛拍照，就設計一面攝影作品牆，若愛畫畫就在走道牆、角落邊設計掛畫空間，讓屋主盡情揮灑，省去很多裝飾牆面的費用。

4 水泥粉光的牆面　也是一種美感

拜工業風的空間設計之賜，如果屋主可以接受，也可以將牆面做到水泥粉光打磨即可，不必上漆，讓空間呈現樸實美感。

∽現成家具也有訂製效果∽

木作以現成家具色系延伸更有整體感

在物價飛漲、薪水縮減的今天，用一百萬的預算裝修全屋，頂多只能做到最基本的簡單裝修吧！不過，若能將錢用在刀口、將設計預算發揮到最大效益，陽春等級的裝潢其實也能換來美輪美奐的高質感空間！打造過不少好住宅的孟羿彣設計師，在此教您幾招善用巧思來讓設計發揮多重效益並成功減少支出的聰明手法。

新成屋裝修經濟學

1 高質感建材可提升空間價值

新成屋通常不需更新管線、廚具與衛浴設備，大可將預算用來選購更佳建材。比如，在客餐廳使用實木、石材等高檔建材，材質本身幫空間加分的效益可是遠超過成本呢！

2 讓燈光來營美化新家的空間

合宜的燈光能高效營造氛圍，再加上燈具本身的造型也能有裝飾效果。特別是最重視氛圍的臥房，很值得花錢選購合適的燈具。

3 撥出一半經費來為空間打底

除非要大改格局，否則，天花、地板與櫥櫃佔約一半預算就能打造實用又美觀的空間背景。這部份支出以木作佔大宗，也可能視狀況加入泥作、地板等工程。

4 硬體裝修可配合活動家具來規劃

裝修最好能納入家具，甚至木作就按照床組、沙發等活動家具的尺寸、材質與花色來規劃。這可讓現成家具如同訂製品似地融入空間，加強整體感並進而提高空間價值。

採訪▷張華承　資料暨圖片提供▷隱巷設計

「工程的單價與效益很難計算，通常得看整體。比如，將原有牆面改造成 Loft 風裸牆未必是省錢的最佳方案，還得一併考量空間條件、鑿工與後續處理。」

/設計公司/隱巷設計
/設計師/孟羿彣

中古屋裝修經濟學

1 裝修預算可能全花在基礎工程

中古屋通常得要更新管線、老舊的廚具與衛浴設備。光是拆牆、改格局與汰換全屋管線與設備，百萬預算大概就差不多了。若遇到嚴重漏水，還得抓漏，翻新預算的多寡得視屋況而定。因此，裝修中古屋的屋主最好能有個心理準備：百萬預算可能全都投入基礎工程——也有可能還不夠喔！

2 寧可先做好基礎再顧及其他

翻新老屋的基礎工程包含水電管線、衛浴設備、廚具與空調。這些項目多半埋入牆內，翻新之後就看不到了；但是，它們卻攸關您每天的生活品質，而且若以後翻新可得拆掉表層裝潢並且敲牆。所以，若要在美麗的裝潢與實用的基礎工程做取捨，建議選後者。畢竟，裝潢隨時可做，而基礎工程會動到既有裝潢且維持期間長達十幾廿年。

3 儘量選用較佳的材質與設備

基於上述理由，水電管線與其他硬體設備最好盡量選用質感較佳的產品。比如，該用不鏽鋼管材的地方就別為了想省下幾百或數千元而選用塑料產品。日後若因此而在管線上出現漏水或電線走火，那可就因小失大了！

∽多用搬家可帶走的活動家具∽

以活動式佈置取代固定裝飾

對於大部分年輕人而言，為自己或心愛的家人買棟房子是人生的重要目標之一，但是，光光買個空無內裝的房子，就像電腦沒有安裝好軟體一般，只有外殼，難有生活品質可言。因此，越來越多人認同在購屋同時需撥出部分預算做新居裝修，但考量現實預算有限的狀況下，設計師能不能幫我將裝修預算控制在百萬以內呢？

新成屋裝修經濟學

1 保留建商廚衛設備 省下基礎工程費用

以新成屋來說，建商所給的廚房、衛浴設備及地板都還不錯，而且因建商採集體購買，價格上遠比屋主單一購買便宜，因此即使事先退給建商也不划算，若是拆掉再另購就更浪費錢了，因此，建議維持原有設備可省下可觀費用。

2 保留堪用格局 審慎思考生活動線

格局的部份，陳婷亮設計師認為應先檢視合用的部份，盡量少動格局，但若有與實際需求不符合時則可以作合理調整，主要以屋主的生活動線來做考量，不需要為了省預算而勉強接受不合理的格局，導致日後產生更多不方便。

3 接受留白觀念 利用軟件來營造氣氛

與其在屋內作滿硬體工程，但最後沒有預算可購買喜歡的軟件或傢俱，設計師陳婷亮提醒屋主，還不如讓牆面留白、天花板外露，保留些預算給軟件，讓有質感的家具或主燈來營造喜歡的氣氛，同時這些家具也可以在未來換家時繼續沿用。

採訪▷許軒鎧　資料暨圖片提供▷甘納設計

/設計公司/甘納空間設計
/設計師/陳婷亮、林仕杰

「新成屋屋主可考慮保留較多預算來購買質感好的軟裝，不僅可提升整體美感，以後換屋也可以帶著走。」

中古屋裝修經濟學

1 老舊中古屋須審慎評估翻修費用

中古屋的裝修工程有很多看不見的花費，容易被屋主忽略。例如拆除費用可能就要花掉一成費用，而修復及基礎格局的泥作費用則佔據一至二成左右，其它如老舊建築外窗的修繕，最好可改成氣密窗；加上大門需要更換等工程又佔了近二成費用。因此，很多屋主會覺得屋內都還空空的就花掉一半的錢，但這些都是不得不做的。

2 先顧好基礎工程再談裝修設計

由於中古屋的屋況參差不齊，林仕杰設計師說，「常常 100 萬還不夠作基礎工程，更不用談到後續設計。」因此，他建議預算較少者，不妨從必要的工程做起。例如，老舊中古屋的水電管線一定要更換，地板也是必要更換的，其它如衛浴空間及廚房的設備都是工程重點。

3 不能忽略的還有設計師及監工的費用

中古屋的規劃重點在於將格局調整得更合理實用，讓房子的安全性與健康性更好，至於裝飾部份可以先以佈置方式取代。另外，無論是新成屋或中古屋，想要有更完善的裝修工程與品質，就不能忘記還有設計師及監工的費用，除非屋主自己有時間，也有能力可以自己規劃、發包工程、監督施工，才能省下這一筆費用。

∽設計用諮詢，工程發小包∽

輕裝修、重裝飾，風格預算兼顧

無論是新成屋或中古屋，屋主在做裝修時總有個想法，覺得家裡沒個雜誌裡的磚牆或壁爐電視牆就好像沒有花錢做裝潢。其實這些固定式裝潢說不一定過幾年就退流行了，且也不一定好用，反而浪費，因此建議不妨將這些裝飾用的工法及預算移做可移動更換的布置費用，例如掛畫或將自己攝影作品裱畫框、色彩鮮艷的抱枕、裝飾用的餐桌椅墊、設計風格的盤杯、餐具、活動式燈具等等，花費不到 2 萬元，整個家的個人風格就可以形塑出來了。最重要的是還可以視屋主心情及四季變化而添加或更換，透過布置讓家時時變化風情，無價！

新成屋裝修經濟學

1 不將裝飾做在裝修上 省工又省錢

居家中其實很多木作是多餘的，如裝飾牆、壁爐等等，建議改用活動式家具取代木作的輕裝修會省很大。另選擇適當的裝飾品如枹枕或掛畫等也會為居家帶來亮眼的效果。

2 100cm 流理兼吧台遮爐具及廚房比實牆好

開放式廚房已成為新成屋主流，但面對雜亂的廚房總會想再把牆砌回去的念頭，建議不妨用一座 100cm 高的流理吧台取代，以遮蓋 80cm 高的爐具，即省工好用，下方還可做收納。

3 用紗簾取代實木門片 實用兼美觀

以往衣櫃或儲藏櫃，會用實木門片遮蓋，但事實上運用布幕或紗簾也能擁有同樣效果，而且就材料及施工費更是省很多。

4 可更換的設計 比固定設計來得有效率

室內設計風格會隨著時代改變，因此除非確定自己真的很喜歡這類風格，300 年不變，否則建議儘可能選擇可自己更換的設計會比較符合需求，如用油漆或超大幅掛畫取代木作牆面、局部壁貼取代大面積壁紙、軌道燈取代天花板固定投射燈等等。

採訪▷Amily Lee　資料暨圖片提供▷朵卡室內設計

「直接把裝飾做在裝修上，大大節省預算，更能形塑風格。」

/設計公司/朵卡室內設計
/設計師/李曜輝、邱柏洲

中古屋裝修經濟學

1 自己發包省下 30%費用

中古屋裝修光是基礎工程費可能就佔裝修預算 8～9 成以上，剩下的錢想做櫃子都不太可能。因此建議不妨可以用諮詢方式找設計師，風格確定後再自己找工班或廠商發包，雖然會花費一些心力，但能夠省下的預算更為可觀。

2 廚衛門窗沒漏水就先留著

廚房、衛浴及門窗號稱中古屋基礎工程最大支出項目，因此若無漏水問題，建議不妨先留著，可以透過更換表面材方式更新，會更省錢，如鋁窗套新框、衛浴換 3 件式、廚具換門片等。

3 選購對味的家具取代繁複的木作

就一般施工預算來說，鄉村風會比現代風格貴上許多，但只要掌握精神，花小錢也能擁有鄉村風。如選擇風格對味的家具，像 IKEA Liatop 系統櫥櫃家具、詩肯柚木的餐桌椅、有情門的沙發、Yahoo 拍賣買的白色水晶燈等。

4 善用線板收邊　突顯獨特風格元素

線板是鄉村風或美式風格很重要的設計元素，在預算不足的情況下，可以不做天花板，用白色素面、寬版的線板在天花與壁面轉角處、門片、門框與踢腳板等處收邊，與有顏色的牆面作對比，豐富空間線條的韻律感。

∽集中預算在客餐廳∽

房間收納以系統櫃來降低裝修成本

裝修設計並非一成不變的工程，而是屋主對於居住夢想的一種追求，因此，每個人的標準不同，也沒有正確答案，相對的裝修金額自然也無一定標準，重點在於如何將每一分錢做有效運用。其中，以新成屋來看，百萬裝修基本上已可有不錯的效果，至於中古屋則須視屋況來決定，若屋況差者，可能一百萬預算都花在修復上也有可能。

新成屋裝修經濟學

1 客廳是裝修重點 但要控制預算

木工是新成屋裝修預算中最大的項目，若再仔細查看木工的工作內容則發現工程多集中於客廳與餐廳，例如客廳的天花板、主牆壁面、以及櫥櫃類的工程，其中主牆更是設計主角，一般電視主牆預算應控制在十萬元左右，至於沙發背牆則建議局部設計即可，或者可用壁紙或漆作來裝飾來降低預算。

2 局部遮飾來取代全封式的天花板設計

新成屋除非屋主事先與建商談好客戶變更，否則一般交屋時多已有隔間並裝設好地板，所以這部份硬體的花費不多，至於天花板若想省預算則建議可配合間接光源設計，用局部遮飾來取代全封式設計，也可省下一些木作工程費用。

3 私領域選用系統櫥櫃好處多多

在私領域的房間櫥櫃不妨以系統櫃取代傳統木工，雖然在建材的費用上差異不大，但是系統櫃板材較環保、施工期短，而且木工最後需要再噴保護漆，又會再多一筆費用，因此，系統櫃還是可省下數千元不等的價差。

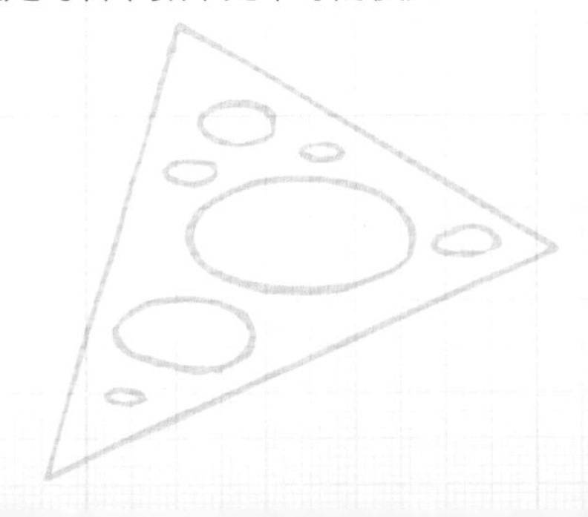

採訪▷許軒鎧　資料暨圖片提供▷絕享設計

「新成屋的裝修費用主要在裝飾上，尤其是以客廳與餐廳為重點，讓錢花在刀口上，而房間則可用系統家具或活動家具來規劃。」

/設計公司/絕享設計
/設計師/黃俊勳

中古屋裝修經濟學

1 中古屋裝修須以安全實用為首要考量

中古屋裝修的問題很複雜，首先應該了解屋齡，如果是超過十年以上的大樓，屋內水電管路多半已無法符合現代家庭的需求與規定，因此，整修時最好全部更新；若是二、三十年的五層樓公寓，甚至可能需要重新向相關單位申請施工，因為攸關安全問題，裝修前必須先弄清楚。

2 利用原地板架設木地板　可省拆除費用

老房子多半需要重新更換地板，設計師黃俊勳建議可先評估原地板是否仍可利用，若原地板為拋光石英磚（較平）或者磁磚還平整者，可直接在上面架設木地板，以便省下拆除地磚的費用，以一個房間計算約可省下4000～5000元左右。

3 衛浴空間是不可省的改裝費用

多數屋主基於衛生習慣考量，多半要求將舊的衛浴設備換新，設計師表示，如果以一般價位的設備來規劃，一間浴室從防水做起約需十萬元預算，二十坪以上的房子多半有二間衛浴，對於只有百萬裝修預算的屋主算是不小負擔，在分配預算時要特別留意。

∽降低木作工程為首要∽

保留老屋可用的結構與設備 省下大幅預算

預算是裝修設計新屋的重要課程，但是由於新成屋與中古屋的基本條件並不相同，因此，屋主在看屋買房的同時就應該要有心理準備，尤其若是購買的標的物是超過十年的中古屋，這部份的裝修工程不只是舒適、美觀的考量，有可能關係身家安全的問題，所以建立正確觀念是相當重要的。

新成屋裝修經濟學

1 現代風格可多利用系統櫃來省預算

雖然一般屋主對於公共空間的造型與設計都比較注重，但是如果要從預算的角度來考慮，客、餐廳其實也可用系統櫃來取代木工，尤其現代簡約風格的空間主要以實用為主，加上系統板材的選擇性越來越多元，是不錯的省錢選擇。

2 著重輕裝修與佈置的設計概念

裝潢木工師傅是以工作天數來計酬的，基本從一天三千元起跳，因此若太依賴木工則容易拉高裝潢單價，建議牆面的裝飾可多利用壁紙或色彩漆作來取代，盡量以輕裝修的裝潢與活動家具、家飾的佈置概念來改變空間氛圍。

3 利用新門片幫廚房換臉 就可打造不同風格

現代家庭對於廚房日漸重視，不過新成屋的設備多半堪用，換掉相當浪費，因此建議若遇到對櫥櫃不滿意者不要急著拆掉廚房，可利用更換門片的局部裝修來因應，或者在牆面上貼上自己喜歡的瓷磚來改變風格即可。

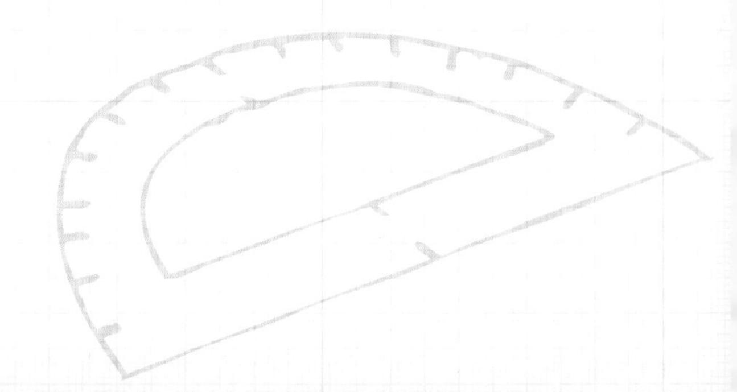

採訪▷許軒鎧　資料暨圖片提供▷絕享設計

「中古屋想要節省裝潢預算可先從屋內堪用的部份檢視，例如結構、地板、廚房設備、衛浴或者櫃類，省下越多預算才能做更多舒適的改裝。」

/設計公司/絕享設計
/設計師/謝宗益

中古屋裝修經濟學

1 隔間更動恐大幅提升裝修費用

中古屋的格局常因老舊或不合新屋主使用需求而更動，不過一旦動到隔間不僅會大幅提升泥作費用，連帶還有拆除費用也是隨之而生，根據設計師經驗說明，一般中小坪數若隔間全拆重建約需五至十萬元，至於泥作可能多達三、四十萬，相當可觀，屋主購屋前最好審慎評估隔間問題。

2 更換鋁窗及大門以保障生活品質

在中古屋翻修工程中，還有一項費用較容易被忽略，就是鋁窗及大門，鋁窗因長年風吹日曬多半損耗嚴重需要更換，設計師建議換成氣密窗以提升生活品質，但價格則會依窗戶大小與不同樣式的窗型而有差異。另外，大門也是常見需要更換的項目。

3 改裝廚房因應現代生活並溫暖居家氛圍

隨著大家對廚房日益重視，中古屋設備老舊且格局狹小的廚房面臨改裝的機率頗高，若改成開放式的設計，並以一般的廚房設備來估價大約需要十至十五萬上下的費用。對此設計師也提醒想購買中古屋翻修的屋主可能要事先衡量預算，避免買房之後卻因預算不足而需要居住在老舊的房子裡。

∽不拆不動最省錢∽

保留原建材再覆上新建材可省拆除費

好不容易買了一間房子，手上的錢不夠用是每個屋主的心聲，但如何將錢花在刀口上，卻內藏許多學問，這時設計師的專業便發揮作用。無論是新成屋或中古屋裝修都著重在空間合理規劃及硬體如水電設備到位，滿足了屋主的居住需求後，其餘才能顧及到建材、色彩搭配、家具配置等風格的營造。

新成屋裝修經濟學

1 不隨意更動新的廚衛及地板設備

新成屋最大優勢就是廚衛及地板設備都是新的，而且為了賣相好，無論是品牌或施工都不會太差，因此建議若能不動儘量不動。若怕建商給的地磚太冷，建議可以用塊毯妝點，是不錯的 idea。

2 格局保留　大省拆除費用

若採光佳、通風良好且動線順暢的新成屋，建議能不動格局，就儘量不要更動，便會少去大筆的拆除費用。

3 系統櫃取代木作　省時省工省錢

由於屋主有大量的收納需求，再加上時間有限的情況下，建議不妨採用制式規格的系統板材取代木作，不但省時省工，更省去木工進場施作的費用。

4 化零為整的收納設計　省工省料

實際的居住生活裡，收納一直是大問題，建議最好跟屋主確實溝通，協助將收納集中在一起，以便於收納操作，也大大節省施工費用，像是利用畸零空間設計一儲物櫃、運用雙面櫃做隔間牆等。

採訪▷Amily Lee　資料暨圖片提供▷杰瑪室內設計

/設計公司/杰瑪室內設計
/設計師/游杰騰

「無論是中古屋或新成屋的設計思考邏輯應先將空間規劃一次到位，才能將預算做合理的分配，達到品質及風格兼顧的空間設計。」

中古屋裝修經濟學

1 保留原有地磚 直鋪木地板

原有拋光石英磚尚可使用，但為區分廚房、玄關的「外」，及客廳、書房的「內」，因此直鋪超耐磨木地板來區隔，省去拆除地板的費用。

2 衛浴不動 換新設備大省泥作

由於衛浴屬單獨私密空間，較不影響整體風格，因此在預算不足的情況下，可建議先不施作，或是以乾式施工的方式，僅更換浴室三件式，如馬桶、浴櫃及鏡面等等，至於破損的磁磚，若不影響到漏水等問題，可以用同色磁磚或花磚取代，如此一來動得少，則會大大節省泥作費用。

3 天花批土抹平上白漆 少天花板費用

若是天花樓板高度不夠，或是怕包裹天花樑柱會導致空間壓迫感時，建議可以不做天花板，或是沿著樑柱做局部天花設計，然後將裸露的天花儘直接抹平批土上白漆，保留原始樓高，而局部天花可做間接光源或隱藏冷氣管線，即實用且也大大節省全面做天花費用。

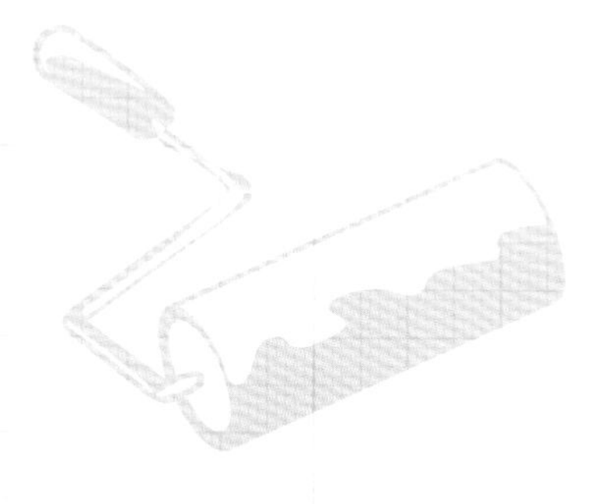

∽木作費用花在櫥櫃和天花板∽

只添置必要性家具 或改造舊家具降預算

買了家，任誰都想打造得更為舒適。但在預算有限的情況下，如何做有效的合理分配，往往考驗著屋主及設計師。因此建議預算的安排順序最好是先處理硬體設備的基礎工程，然後思考家中最常聚集的重點空間，例如餐桌、客廳等做重點設計及花費，其次才是軟體的裝飾及私人空間的配置。萬一真的仍是預算不足，建議不妨以時間換取金錢，先將必要性家具先配置，如廚具、沙發、電視櫃等等，其他的可先用沿用舊家具，等預算夠了再添購。

新成屋裝修經濟學

1 提早客變省更多

有許多新成屋是從預售屋開始，若能在之前就請設計師先介入，並先做客變，如隔間、插座出口等等，可以省掉許多未來更動的費用。

2 木作天花不能省 效果差很大

若天地壁櫃全都用木作，費用當然貴得嚇人，因此建議將木作預算集中在櫥櫃及天花板，在空間營造出來的效果會差很多。

3 建議撥一筆專業佈置費 家中更具人味

室內雜誌之所以吸引人，除了空間設計漂亮外，其實現場裝飾更是大功臣。因此建議不妨在裝修預算裡撥 2 萬元的佈置費用，請設計師代為幫忙佈置掛畫、抱枕、飾品點綴等，會讓居家氛圍更有畫龍點睛之效，絕對物超所值。

4 設計一道彩牆 帶出空間豐富層次

新成屋因天地壁已被建商先處理過了，因此只要再上一層色漆，便能豐富化牆面表情及層次，費用也較其他材質省很多，更能營造出空間焦點及帶出屋主的個性，無價！

採訪▷Amily Lee
資料暨圖片提供▷【養樂多木艮】－mugen生活事務室內設計

「以時間換取金錢，先將必要性家具設備先配置，之後再慢慢添加更換。」

/設計公司/【養樂多木艮】－ mugen 生活事務室內設計
/設計師/詹朝根

中古屋裝修經濟學

1 泥作水電門窗基礎工程先處理

中古屋因屋況已久，許多內在建設都已老化，因此建議在有限預算內先處理基礎工程，如泥作、水電、門窗等以便永久使用。

2 局部天花兼照明及走管線

若預算不足無法做足天花，建議仍可運用局部天花的方式，沿著牆面做設計，並將管線及照明隱藏其中，也省去再鑿牆埋管，事後還要再上漆的費用。

3 保留實木或石材的面板及地板 透過打磨更新

早期家中若使用實木或石材建材，建議不要輕易拆除，不妨可以透過打磨的方式保留下來，費用更是省很大。

4 以局部替換取代全面拆除 省更多

其實局部更換不見得比全面拆除更花時間及工錢，建議最好檢視一下勘用度，再來評估拆除費用及保留費用的差異性，例如將可用的舊馬桶移位所需的工錢，比換一個新的日系品牌馬桶更便宜，或保留木作門框也比再買新的重做來得值得，又如廚具桶身若還可用，則換門片也較全面更新來得划算等等。

設計公司索引

a space design	02-27977597
Atelier-1 工作室	0936065749
天空元素視覺空間設計所	02-27633341
甘納空間設計	02-27752737
安藤國際設計	02-22531078
朵卡室內設計	0919124736、0968545161
杰瑪室內設計	02-27175669
清設計	02-26237119
采和室內裝修	02-23092390
洛凡空間創意室內設計裝修	02-29287272
原木工坊	02-29140400
絕享設計	02-28202926、02-87730290
集集設計	02-87800968
意象空間設計工作室	02-82582781
齊禾設計	02-27487701
養樂多木艮mugen生活事務室內設計	0921152448
橙白室內設計	02-28716019
隱巷設計	02-23257670

（以上依設計公司筆劃排列）

貓咪探險家

一起放空　一起玩到瘋
天天都是喵日子

同時滿足貓和貓奴的設計書

30個令人著迷的貓空間
打造貓與貓奴都滿意的幸福家

對症下藥，從你和貓都需要的地方開始，
教你立即動手修改居家。

風和文創　網址 www.sweethometw.com

好體貼的家設計
定價：360元
裝修到你的心坎裡才是賺到！體貼設計始終來自於生活。和設計師簽約前後必問的176個關鍵。

安心裝修 健康宅
定價：360元
除了風格、收納，你更應該在意的是「健康」。打拼買豪宅，不如用心打造「健康」宅！

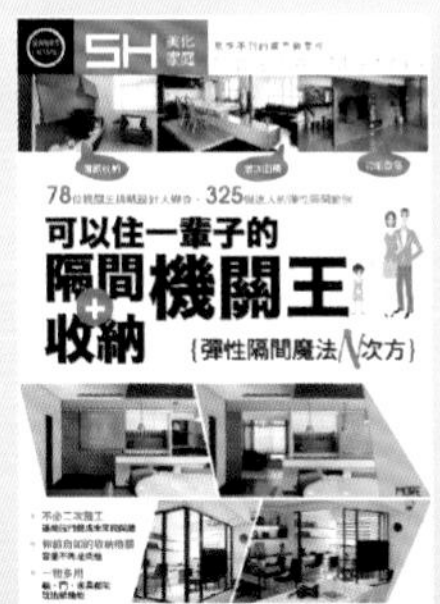

隔間＋收納機關王
定價：360元
72位機關王挑戰設計大變身。300個迷人的彈性隔間範例，不必兩次施工，隱藏拉門變成未來隔間牆。

打造天天客滿的好民宿
定價：360元
精選人氣好民宿，找出成功的元素。23位民宿主人成功創業經驗不藏私，夢想蓋民宿的第一本工具書。

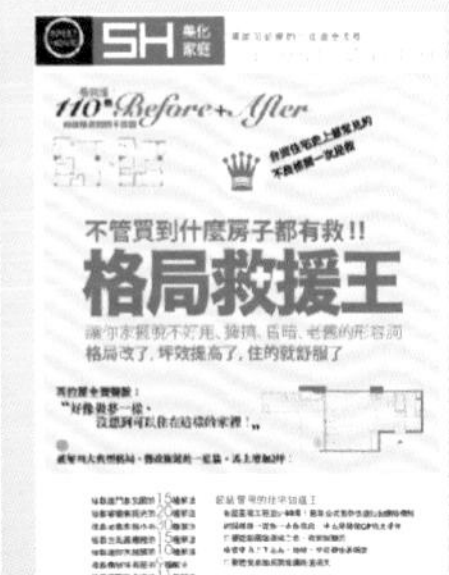

格局救援王
定價：360元
不管買到甚麼房子都有救。預算不多也不必怕買便宜的房子，就算已經買錯屋也沒關係。

SH美化家庭全系列室內裝修工具書
博客來、誠品、金石堂等各大書店與量販賣場好評發售中

風和文創 CHARISSE MEDIA　SH 美化家庭　出版 風和文創事業有限公司　總經銷 知遠文化 創意行銷

國家圖書館出版品預行編目資料

30萬就動工
SH美化家庭編輯部採訪編輯
初版一台北市：風和文創, 2014.05
面;公分
（SH美化家庭設計一本通系列）
ISBN 978-986-89458-8-3 (平裝)
1.家庭佈置 2.室內裝潢 3.空間設計
422.5 103005439

SH美化家庭 設計一本通系列

30萬就動工

授權出版 凌速姊妹（集團）有限公司
內頁設計 讀力設計
封面設計 比比司設計工作室
插畫 齊玉婷
採訪編輯 SH美化家庭編輯部
總經理 李亦榛
總編輯 黃貞菱
主編 張愛玲
編輯協力 溫智儀 / 許軒鎧 / 張華承 / Amily Lee
業務協理 陳月如
行銷主任 鄭澤琪
出版公司 風和文創事業有限公司
網址 www.sweethometw.com
公司地址 台北市中山區松江路2號13F-8
電話 02-25361118
傳真 02-25361115
EMAIL sh240@sweethometw.com

台灣版SH美化家庭出版授權方
IESG
凌速姊妹 (集團) 有限公司
In Express-Sisters Group Limited
公司地址 香港九龍荔枝角長沙灣道883號
億利工業中心3樓12-15室
董事總經理 梁中本
EMAIL cp.leung@iesg.com.hk
網址 www.iesg.com.hk

總經銷 知遠文化事業有限公司
地址 新北市深坑鄉北深路三段155巷25號5樓
電話 02-26648800
傳真 02-26648801
製版 彩峰造藝印像股份有限公司
電話 02-82275017
印刷 勁詠印刷股份有限公司
電話 02-22442255

定價 新台幣360 元
出版日期2014 年5月初版一刷

……SH 懂你也讓你讀得懂……

……SH 懂你也讓你讀得懂……

……SH 懂你也讓你讀得懂……

……SH 懂你也讓你讀得懂……